"60岁开始读"
科普教育丛书

上海市学习型社会建设与终身教育促进委员会办公室 / 指导
上海科普教育促进中心 / 组编

U0181078

智能一点通

邓元慧　王国强　主　编

上海科学技术出版社
上海教育出版社
上海交通大学出版社

图书在版编目（ＣＩＰ）数据

智能一点通 / 上海科普教育促进中心组编；邓元慧，王国强主编. -- 上海：上海科学技术出版社：上海教育出版社，2021.12
（"60岁开始读"科普教育丛书）
本书与"上海交通大学出版社"合作出版
ISBN 978-7-5478-5542-3

Ⅰ. ①智… Ⅱ. ①上… ②邓… ③王… Ⅲ. ①人工智能－普及读物 Ⅳ. ①TP18-49

中国版本图书馆CIP数据核字(2021)第224911号

智能一点通
（"60岁开始读"科普教育丛书）
上海科普教育促进中心　组编
邓元慧　王国强　主编

上海世纪出版（集团）有限公司
上海 科 学 技 术 出 版 社　出版、发行
（上海市闵行区号景路 159 弄 A 座 9F-10F）
邮政编码 201101　www.sstp.cn
上海盛通时代印刷有限公司印刷
开本 889×1194　1/32　印张 5
字数 80 千字
2021 年 12 月第 1 版　2021 年 12 月第 1 次印刷
ISBN 978-7-5478-5542-3/G·1080
定价：20.00 元

内容提要

INFORMATIVE ABSTRACT

　　本书聚焦智能化、数字化浪潮下与老年人生活密切相关的场景，为老年朋友介绍了人工智能相关技术的发展历程、基本原理等，提供了解人工智能是如何服务老年人的生活、如何让我们的生活更加便捷的窗口，同时也试图勾勒出未来人工智能发展的蓝图，并剖析可能遇到的挑战。本书分为"人工智能无处不在""智能家居新生活""更智慧更便捷的未来"三个部分，共 43 个知识点，通过阅读相关内容，可以帮助读者更好地享受人工智能带来的便利与乐趣，更好地融入智能生活。

编 委 会

"60 岁开始读"科普教育丛书

总序 TOTAL ORDER

　　党的十九大报告中指出：办好终身教育，加快建设学习型社会。这是推动全民科学素质持续提升的重要手段，对于实现中国梦有着重大意义。为全面贯彻落实党的十九大精神与《全民科学素质行动计划纲要实施方案（2021—2035年）》具体要求，近年来，上海市终身教育工作以习近平新时代中国特色社会主义思想为指导、以人民利益为中心、以"构建服务全民终身学习的教育体系"为发展纲要，稳步推进"五位一体"与"四个全面"总体布局。在具体实施过程中，围绕全民教育的公益性、普惠性、便捷性，充分调动社会各类资源参与全民素质教育工作，进一步实现习近平总书记提出的"学有所成、学有所为、学有所乐"指导方针，引导民众在知识的海洋里尽情踏浪追梦，切实增强全民的责任感、荣誉感、幸福感和获得感。

随着我国人口老龄化态势的加速，如何进一步提高中老年市民的科学文化素养，尤其是如何通过学习科普知识提升老年朋友的生活质量，把科普教育作为提高城市文明程度、促进人的终身发展的方式已成为广大老年教育工作者和科普教育工作者共同关注的课题。为此，上海市学习型社会建设与终身教育促进委员会办公室组织开展了一系列中老年科普教育活动，并由此产生了上海科普教育促进中心组织编写的"60 岁开始读"科普教育丛书。

"60 岁开始读"科普教育丛书，是一套适宜普通市民，尤其是老年朋友阅读的科普书籍，其内容着眼于提高老年朋友的科学素养与健康文明的生活意识和水平。本套系列丛书为第八套，共 5 册，分别为《智能一点通》《享低碳未来》《健忘不可怕》《远离传染病》《爱眼爱生活》，内容包括与老年朋友日常生活息息相关的科学资讯、健康指导。

　　这套丛书通俗易懂，操作性强，能够让广大老年朋友在最短的时间内掌握原理并付诸应用。我们期盼本书不仅能够帮助广大读者朋友跟上时代步伐、了解科技生活，更自主、更独立地成为信息时代的"科技达人"，也能够帮助老年朋友树立终身学习观，通过学习拓展生命的广度、厚度与深度，为时代发展与社会进步，更为深入开展全民学习、终身学习，促进学习型社会建设贡献自己的一份力量。

前言

世界银行的统计数据显示，截至 2020 年，全世界 65 岁以上的人口约为 7.2 亿人，占总人口的 9.3%。我国面临的人口老龄化问题则更加严峻，2021 年公布的第七次全国人口普查数据显示，60 岁及以上的人口为 2.6 亿人，占全国总人口的 18.7%，其中 65 岁及以上人口为 1.9 亿人，占全国总人口的 13.5%，均远高于全球平均水平。我们在积极迎接人口老龄化的同时，人类社会正进入以信息化的深化为基础的大数据和人工智能时代，科技的进步为积极应对人口老龄化，满足老年群体日益多元、丰富的需求，提升老龄化社会的运行质量，提供了有力支撑。

科技的迅猛发展对每个人来说都是接受"再教育"的过程，人工智能的发展和应用正重构社会生活的各个方面，与老龄化浪潮的碰撞尤为突出。老年人由于本身的认知能力和信息接受能力的限制，面临的问题更多、更普遍。例如，如何在网上约车、如何使用手机银行、如何预约挂号、如何使用电子支付、如何操控智能家电……各种问题屡见不鲜。在新冠肺炎疫情下，数字化、智能化的管控措施让老龄化与数字化、智能化的矛盾进一步凸显。然而，对一个健康、有序发展的社会来说，当青年一代享受数字化、智能化社会发展带来的便利时，更应及时、主动给予老年人必要的关心和帮助。本书以通俗易懂的语言与手绘图相结合，目的是帮助老年人跨越对新科技不了解、不敢用、不会用的障碍，使老年人更加轻松地跨越数字鸿沟，享受智能化带来的便利与乐趣。

　　本书分为三个部分。第一部分为"人工智能无处不在"，主要用通俗的语言向老年读者介绍人工智能相关技术的发展历程、基本原理等，让老年读者对人工智能有初步的了解。第二部分为"智能家居新生活"，选取生活中运用人工智能技术的相关场景，向老年读者介绍人工智能如何服务于老年人的生活，让老年人的生活更加便捷、舒适。第三部分为"更智慧更便捷的未来"，为老年读者勾勒出未来人工智能发展的蓝图，并剖析可能遇到的挑战。

　　本书的作者团队由中国科协创新战略研究院的研究人员组成，团队成员长期从事科技史、科技政策研究，持续跟踪人工智能技术前沿、产业发展态势，对人工智能技术的历史演进有深刻的理解。团队结合多年的学术探索和科普实践经验，精心筛选了43个关于人工智能的问题，希望本书为老年读者了解、认识、使用人工智能提供帮助，让老年朋友能够愉快地享受人工智能带来的乐趣，更加顺畅地融入多彩的智能生活。

目录 CONTENTS

二、智能家居新生活 37

三、更智慧更便捷的未来　　97

智能一点通

"60岁开始读"科普教育丛书

人工智能无处不在

1 什么是人工智能

场景

　　我们常常看到年轻人用着各式各样的智能设备，商场里推销着各种各样的智能家电，新闻里也常常提到"人工智能"。可是，对"什么是人工智能"，大家却说不清楚。那么，什么是人工智能呢？

　　近年来，人工智能已经渗入我们生活中的方方面面，从引人关注的"阿尔法狗"（AlphaGo）围棋系统、语音识别、人脸支付到智能家居、智慧医疗……好像不知道人工智能，没有用过人工智能就"落伍"了。那么，你真的了解什么是人工智能吗？

　　人工智能，英文是"Artificial Intelligence"，所以人们将其简称为"AI"。它是研究、开发用于模拟、延伸和扩展人的智能的理论、方法、技术及应用系统的一门新的技术科学。人工智能可以分为两部分来理解，即"人工"和"智能"。"人工"比较好理解，争议也不大，通常指的是人造的、人为的；"智能"则指意识、自我、思维等。

事实上，人类唯一了解的智能只有人本身的智能，而人工智能的研究则是希望通过运用计算机来模拟人的某些思维过程和智能行为（如学习、推理、思考、规划等）代替人去思考、工作，在这一过程中，既要让机器通过模拟人的智能实现"机器智能"，还要制造出"智能机器"。简单地说，科学家会将人类的思考过程作为模板，去"教""机器宝宝"逐渐长大成"人"，类似人类成长、学习的过程。因此，根据"机器宝宝"学习能力和程度的不同，人工智能又分为弱人工智能和强人工智能。这个"教"的过程，则类似小时候父母教我们学习的过程。比如，当我们还在牙牙学语的时候，父母会指着画册或活生生的小狗告诉我们这是一只小狗。当我们下一次看到一只小猫时，父母会告诉我们这是小猫，不是小狗。多次学习后，我们就会发现，虽然都是四条腿的动物，但是小猫和小狗的特征是不一样的，即使是小狗，大街上的小狗和图片上的小狗也是有区别的，且每次我们看到的小狗在毛色、体型、性格上都会有差异。而我们只有通过日积月累的学习和归纳，才能准确、快速地识别出小狗的基础特征并认出它。人工智能的实现原理几乎和这个思路一样，都是通过对原有数据的归纳、提取特征，从而对新的数据进行预测和识别，并做出相应的反馈。

因此，人工智能是一门十分深奥、复杂的学科，至今尚未完全实现。它涉及的不仅仅是计算机科学，还包括脑科学、心理学、哲学和语言学等几乎所有的自然科学和社会科学，这早已超出了计算机科学的范畴。

延伸阅读：

如何判断机器是否智能

图灵测试是目前一个公认的判断一台机器是否具有智能的方法，其核心思想就是通过语言交流来判断机器是否拥有智能。1950 年，英国数学家图灵发表了著名论文《计算机能思维吗》，明确提出了计算机能思维的观点，并设计了检验机器有没有思维的智力测试，即"图灵测试"。图灵测试的提出甚至早于"人工智能"这个词本身。图灵测试的方法很简单，就是让测试者（人）与被测试者（机器）隔开，通过键盘等装置向被测试者随意提问。进行多次测试后，如果有超过30%的测试者不能确定出被测试者是人还是机器，那么这台机器就通过了测试，并被认为具有人工智能。那么，这个测试对计算机来说简单吗？图灵本人很乐观地认为，到2000年左右，应该就有机器能通过自己预想的这个测试。然而，直到2014年人工智能聊天软件尤金·古斯特曼才首次通过了图灵测试。到目前为止，能通过这项测试的人工智能仍寥寥无几，且基本仅在特定领域通过测试，尚无全领域通过图灵测试的人工智能。

2 看看传说、历史上的智能机器

在人类发展的历史长河中，研究和制造出具有拟人智能的机器人一直是人类的美好愿望和不懈追求。在诸多神话、传说、故事、预言以及制作机器人偶的实践过程中都可以看到人类探索的踪迹。

场景

过去人们对人工智能的探讨主要聚焦在理论和实验，近十年来，人工智能技术突飞猛进，不少科幻小说、科幻电影中的场景已经成为我们生活中不可或缺的一部分。那么，人类究竟是何时开始对人工智能的探索呢？

在古代的神话传说中，人们认为技艺高超的工匠可以制作人造人，并为其赋予智能或意识。例如，在希腊神话中，火与工匠之神赫菲斯托斯制作了一组木偶金人作为他的助手，塞浦路斯国王皮格马利翁创造了人造人加拉泰亚。列子辑注的《列子·汤问》也记载了中国西周时期偃师造人的故事。此外，在犹太传说中也有关于具有生命形式的泥人的记载，印度传说中也曾出现过与古希腊罗马自动人形机设计相似的守卫佛祖舍利子的机器人武士。19 世纪的幻想小说中也不乏人造人和会思考的机器之类的题材。1818 年，英国作家雪莱在英国出版的《弗兰肯斯坦》中开启了人类关于人工智能的科学想象与伦理探讨。1863 年，英国小说家巴特勒的文章《机器中的达尔文》探讨了机械装置通过自然选择进化出智能的可能性。1921 年，捷克作家恰佩克的科幻剧作《罗素姆的万能机器人》中有一位名叫罗素姆的哲学家研制出一种机器人，被资本家大批制造来充当劳动力，这些机器人外貌与人类相差无几，并可以自行思考，作品中的"robot"一词一直沿用至今。

让机器有力气，减轻人的辛苦劳作，更好地服务人的生活，使得人类对人工智能的探索不仅存在于神话、传说、故事、预言中，还体现在一些实实在在的发明创造中。例如：人类发明了算盘，通过固定的口诀拨弄算珠可以帮助人们更快捷地计算出答案，这是"计算与逻辑运算"最初的表现形式。在我国，古人还发明了为了避免迷失方向而利用差动齿轮补偿原理制造的机械式自动定向车——指南车，能够自动检测地震方位的报警器——候风地动仪，会跳舞的"人形舞姬"，会捕鼠的木制"钟馗"，等等。在国外，人们同样很早就幻想用机器模仿或代替人从事服务劳动，如古希腊人发明的"自动机"、土耳其人发明的可编程自动人偶、日本人发明的"自动机器玩偶"等各种智能机器。

让机器更智慧、会思考则源于传统的逻辑哲学。传统逻辑哲学的主要特点是运用自然语言或者少量符号来刻画人的思维，进行逻辑推导，但很难反映人的思维结构的复杂性。随着生产力的发展、自然科学的进步、数学方法的广泛应用，17世纪六七十年代，德国数学家莱布尼茨把人类推理归纳为某类运算，提出用数学符号表示的"通用语言"来代替人的自然语言进行思维运算，奠定了计算机原理的基础。除了通过对逻辑思维的探索之外，人类还从形象思维、智能行为两个方面开启了人工智能的探索之旅。

3 什么是大数据

2011年，国际知名的管理咨询公司麦肯锡在《大数据：下一个创新、竞争和生产力的前沿》研究报告中宣布，人类的大数据时代已经到来。同年，另一家知名咨询公司高德纳发布的《2011年度新兴技术成熟度曲线》研究报告中，具有新特点、高影响力的技术

场景

一天，老李和老张聊起了自己出租房子的经历。老李说："前几天，我有一套房子要出租，把要求告诉了中介，他们很快就上门测量、拍照，一天就把房子租给了靠谱的人，效率可比以前高多了。"老张说："这可都是大数据的功劳，他们把房子的信息放到网上，租客能够快速查找到，不用到现场就能够 3D 实景看房，效率当然高啦。"老李疑惑了："总听说大数据，大数据就是指很多的数据吗？"

趋势就包括大数据。2012 年，英国牛津大学教授舍恩伯格所著《大数据时代：生活、工作与思维的大变革》一书的宣传推广，使得"大数据"的概念迅速风靡全球，一夜之间"火"了起来，成为科研机构、高校、企业、政府部门等各界的"新宠"。

要理解什么是大数据，首先要理解什么是数据。简单地说，数据是用符号化的方式表达和记录信息，而语言、文字、数字和数学符号则是这种信息表达方式最早、最重要的形式，其中数与数据的关系最为密切。财务报表、交通信息、商品价格、新闻报道，以及我们的个人信息、每天的行程、微信聊天记录等都属于数据，但它们单独来看都不属于大数据。那么，大数据究竟是什么？

实际上，大数据是数据的集合。1997 年，美国国家航空航天局的两名研究人员首次在论文中正式提出大数据的概念及其存储所带来的被称为"大数据问题"的问题。2013 年，IBM 公司提出了大数据的"4V"特征，即数据体量大、数据类型繁多、处理速度快、价值密度低。此后，人们在"4V"特征基础上又增加

了数据准确可靠、可视化、复杂性等特征。只有具备这些特征的数据，才是大数据。打个比方，大数据就像一座金矿，需要达到一定的数据积累，才会呈现巨大的价值。同时，这是一座难以开采的金矿，需要储存、传输、处理等一系列技术成熟后，才能进行开采。

那么，大数据的体量究竟有多大呢？一般而言，大数据的起始计量单位至少是PB（1PB=1024TB）、EB（1EB=1024PB）或ZB（1ZB=1024EB）。更直观一点，打印1.5PB的数据大概需要超过5 000亿张A4纸，而这仅仅是某一个导航软件一天所提供的信息量。然而，目前研究人员实际提取分析的数据只占收集到的数据的1%。

更多的数据有助于我们更加全面、准确地认识客观世界。在大数据时代，发掘大数据的潜在价值已成为不少商家追求的目标。例如：电商公司利用大数据精准地向用户推荐商品和服务；旅游网站为旅游者提供心仪的旅游路线；企业可以运用大数据提升服务质量，降低运营成本，减少投资的风险。对普通大众而言，大数据可以帮我们找到商品购买最合适的时期、商家和最优惠价格，在社交网站获得更准确的好友推荐，在视频和音乐平台获得更精准的推荐，更方便、准确地了解自己身体健康状况。同时，大数据在帮助政府实现市场经济调控、公共卫生安全防范、灾难预警、社会舆论监督，在帮助城市预防犯罪、实现智慧交通、提升紧急应急能力等方面也发挥了十分重要的作用。大数据的存在，为人工智能、物联网等一个又一个新技术的发展奠定了坚实的基础。

4 机器怎么能像人一样学习

场景

老林看新闻讲到银行可以运用机器学习如何根据用户一个月内的信用卡交易，识别哪些交易是该用户操作的，哪些不是，帮助防范欺诈风险。老林有点疑惑："总听说机器学习，可是计算机是'死'的，它怎么可能像人类一样'学习'呢？"

　　和大数据一样，"机器学习"是一个热门而又容易让人疑惑的名词。从字面上看，不禁让人联想到一群机器人排排坐、上自习的科幻场景。然而，"机器学习"中的"机器"一般指的就是计算机。机器学习是指让计算机模拟人类学习的技术。具体而言，机器学习是指用某些算法指导计算机利用已知数据得出适当的模型，并利用此模型对新的情境给出判断的过程。

　　传统上，我们想让计算机工作，就需要给它一串指令，然后让它遵照这串指令一步步执行下去，有因有果，非常明确。但是，机器学习并非如此，它是一种让计算机利用数据而不是指令来进行各种工作的方法。举个简单的例子，相信大家都有过与朋友相约的经历，现实中不是每个人都那么守时，如何尽可能地减少自己无谓等待的时间呢？如果跟你相约的朋友总是爱迟到，你在出门前一定会犹豫：我现在出发合适么？他会不会又迟到？为了解决这个问题，你可能首先会在脑海里搜寻能够解决这个问题的知识，但很遗憾，没有人会把如何等人这个问题作为知识进行传授。然后，你可能想询问他人，但别人可能也解答不了这个问题。当然，你也可以坚持自己守时的原则，无论朋友是否迟到，你都坚持准时到达。事实上，有一种方法也许可以更有效地解决这个问题：你可以回顾一下过去跟这位朋友相约的经历，估计一下过去的相约中他迟到的比例，以此预测一下此次迟到的可能性，如果这个值超出了你心里的某个界限，那么你可以选择过一会儿再出发。这个方法是基于你过去的经验，利用了以往所有的经验数据做出的判断，这与机器学习的基本思想、逻辑是一致的。我们举的例子是一个极其简化的例子，机器学习中考虑的影响因素可不止相约对象迟到的概率这一个因素，它还会综合考虑天气、是否为工作日、交通情况等因素，需要的数据、运算量更加庞大，结果可能也更贴近实际情况。因此，在机器学习的过程中，数据是最关键的要素，数据直接决定了机器学习的能力。

由此看来，机器学习的思想并不复杂，它仅仅是对人类生活中学习过程的一个模拟。当人类遇到未知的问题或者需要对未来进行"推测"的时候，人类利用的往往是以其积累的经验归纳形成的某种"规律"。机器学习在"训练"过程中则需要大量的数据积累，通过一定的算法，归纳形成"规律"，从而运用到"预测"过程。在这个过程中，计算机所展现的容量大、计算快、稳定性高的特点有效弥补了人类的不足。机器学习也因此被应用于模式识别、统计学习、数据挖掘等领域，并与其他技术结合形成了计算机视觉、语音识别、自然语言处理等交叉学科。

除了机器学习之外，深度学习也常常被提及，二者都被广泛应用于人工智能中。其实，深度学习只是一种特殊的机器学习，相较于传统的机器学习更接近人脑的信息处理方式。打个比方，假设具有人工智能的机器人是一个武林高手，那么某项"人工智能"就可以对应具体的武功招式，而"大数据"就是他的内力，"机器学习"就是用来提升内力的内功心法，"深度学习"则是更加高深的一种内功心法。

5 什么是云计算

所谓云计算，简单地说就是"云＋计算"。"计算"代表的是一种服务、资源；"云"是一种形象的比喻说法，反映的是获取这些服务、资源的一种新型方式。举个例子，在缺水的地区，大部分人家里都有一口水

> 场景
>
> 小区的合唱队要组织大家填报演出服的尺码，居委会的小林在微信群里给大家发了一个云共享文档，大家分别填上自己的尺码，文档实时更新，简直太方便了。齐大妈很好奇，大家填写的数据不是都存在自己的手机或电脑里吗，为什么其他人也能够填写尺码呢？这个"云"到底是什么？它在哪里呢？

窖。下雨的时候，人们会把院子里的水、屋顶上的水收集起来放在水窖里，平时就从水窖里取水供日常所需。慢慢地大家觉得这种方式费工费力，而且雨水的收集和使用效率也不高。于是，几家人张罗大家一起建一个水库，各家分别装上水管，这样水库里的水不光能灌溉农田，统一处理后还能供各家生活所用，实现了资源的统一调配，节约了管理成本。这种把资源统一管理、按需使用的模式就是云计算的典型模式。

这种模式有什么优势呢？我们知道，水库和水窖都能为大家提供储水和供水的基本功能，但是水库能提供更广阔的用途，如可以养鱼、灌溉农田，甚至可以发展旅游业，还能提供更广阔的储水渠道、更统一规范的管理等。同理，云计算就是将各类软硬件计算资源汇聚起来，通过平台封装成虚拟的计算资源统一调度，再将这些资源由传统的"购买"模式转变为"租赁"模式，提供给需求方，并按需计费。这种配置模式改变了传统模式需大量资金和人力投入造成的资源固化、缺乏足够灵活性的缺点，同时，由更专业的团队进行硬件和软件维护，可以提供更加安全可靠的资源服务。

可以想象一下，未来我们可能不再需要购买个人电脑，只需要租用一台"云电脑"。这台电脑的性能可以根据我们的需求而定，无论我们身在何处，只需要有网络，通过手机、iPad 等移动设备输入账号和密码就可以随时随地使用。

云电脑

延伸阅读

云计算的起源

1959年6月，英国牛津大学教授斯特雷奇在题为《大型高速计算机中的时间共享》的学术报告中首次提出了"虚拟化"的基本概念，论述了什么是虚拟化技术，为云计算的基础架构奠定了基石。1984年，美国太阳微系统公司的联合创始人盖奇提出了"网络就是计算机"的设想，用于描述分布式计算技术带来的新世界，今天的云计算正在将这一理念变成现实。"云计算"的概念是2006年8月9日由时任谷歌公司首席执行官的施密特在搜索引擎大会上首次提出的。事实上，早在2006年3月，美国亚马逊公司就正式推出了自家的弹性计算云服务。这两个标志性事件正式宣告了云计算时代的到来，也意味着互联网的发展进入了一个新的阶段。

6 结伴同行的人工智能、大数据和云计算

场景　　老李是个科技爱好者，经常关注科技新闻。最近，他总是看到人工智能、大数据、云计算的新闻，而且这几个词像形影不离的朋友一样，经常同时出现。老李有点迷糊了，它们三个之间到底有什么联系呢？

　　人工智能、大数据和云计算是当前最受关注的技术之一。按照这三种技术出现的时间来看，人工智能出现最早，大数据次之，云计算则出现得最晚。但是，十多年来，资本市场和媒体对这三种技术的追捧次序则相反，依次为：云计算、大数据和人工智能。实际上，我们常常发现这三个词同时出现在我们生活中，它们之间到底有什么样的联系呢？

　　打个简单的比方：我们可以把云计算看作人类的

大脑中枢系统，用于处理各类问题；大数据相当于人的大脑从小学到大学记忆和存储的海量知识，这些知识只有通过消化、吸收、再造才能创造出更大的价值；人工智能则是通过吸收大量的数据，不断地深度学习、进化形成的。因此，人工智能离不开大数据，更需要基于云计算平台完成深度学习、进化。

具体来看，大数据与云计算密不可分。大数据的特色在于对海量数据的挖掘，这使得它难以通过单台计算机进行处理，必须依托云计算的分布式处理、分布式数据库、云存储和虚拟化技术。另一方面，大数据是建立机器学习模型的基础，通过大量数据提高机器学习模型的准确率才能形成人工智能，而人工智能的发展也为改进算法、提高云计算的计算效率和大数据的应用效率奠定了基础。我们可以假设人工智能是一个热爱学习、拥有无限潜力的孩子，而某一领域专业的、海量的、深度的大数据就是传授给这个孩子的知识，知识的数量和质量决定了孩子学识的广度和深度，决定了这个孩子的智能水平，而孩子的智能水平提升，可以更好地学习知识，将知识归纳提炼。同时，云计算的快速发展，使得高速并行运算、海量数据、更优化的算法更加平民化，缓解了深度学习技术发展带来的运算压力，在一定程度上助推了人工智能的发展。

总而言之，人工智能、大数据、云计算是这个时代重要的创新产物。它们相辅相成、结伴而行，推动了技术的进步和突破，也促进了经济和社会的发展。

7 什么是芯片

芯片是半导体元件产品的统称，它是嵌含集成电路的硅片，体积虽然小，却是计算机或其他电子设备中不可缺少的重要部分。可以说，芯片是各种电子设备的大脑。随着人工智能、5G、物联网、云计算和智慧家居等概念逐渐成为现实，人类对芯片的需求无处

> 一天，老陈看到新闻说由于芯片短缺，世界主要的汽车公司都不得不削减产能。而且，美国还把芯片行业当作与中国进行贸易战的关键武器，两国正在这个领域短兵相接。老陈好奇："小小的芯片到底是什么？为什么有如此大的威力，能影响一个产业甚至一个国家的发展？"

场景

不在。

芯片有多种分类的方法：按照应用场景分，可以分为民用级（消费级）、工业级、汽车级、军工级等；按照使用领域分，可分为计算机芯片、手机芯片、汽车芯片、航天芯片等；按照功能分，可分为中央处理器（CPU）、图形处理器（GPU）、现场可编程逻辑阵列（FPGA）、数字信号处理器（DSP）、专用集成电路（ASIC）、系统级芯片（SOC）等；按照处理信号的种类分，可分为模拟芯片和数字芯片；按照制造工艺分，可分为 5 纳米芯片、7 纳米芯片、14 纳米芯片等。

别看芯片体积小，但其制造难度非常大。在显微镜下观察一块指甲盖大小的芯片，可以看见总长度可达数千米的导线，还有几千万甚至上亿个晶体管密密麻麻地排布在芯片上，如同城市街道一般星罗棋布。为了让这些纳米级的元件"安家落户"，芯片在投入使用前要经历上百道工序的纳米级改造。

简单来说，芯片的诞生过程可分为芯片设计、晶片制作、芯片封装和成品测试等 4 个环节，其中每一个环节又可以被再次深入细化。芯片设计是芯片制作的前提，设计的好坏直接决定了芯片的质量。设计师会根据芯片设计要求，进行逻辑设计、电路设计、图形设计，明确芯片的功能、定位、参考的规范标准，设计出芯片的架构、算法，描绘出电路图，确定芯片所需要的制作工艺。在芯片制作环节，首先需要打"地基"，芯片的"地基"叫硅晶圆，无论电路图有多复杂都需要建立在它上面。制作硅晶圆的原材料就是硅，它来源于我们司空见惯的沙子，通过特殊工艺加入碳元素，在高温下将沙子中的硅提取出来进行熔炼，拉出硅锭，再用钻石刀切割、抛光成一片一片硅晶圆。硅晶圆的直径越大，单个芯片的成本就越低，但加工难度也越大。"地基"建好后就需要按照设计图纸要求进行建设了，先在硅晶圆（或基板）表面涂覆一层光刻胶，利用光刻机，透过印着预先设计好电路图的掩模，将光投射到硅晶圆表面的光刻胶上，经过曝光的光刻胶被溶解后，掩模上的图案就被保留在了光刻胶上。一层刻好后，进行掺杂工艺，将硼或者磷注入硅结构中，赋予其晶体管的特性，再填充铜以便各个晶体管互连。如果是一块简单的芯片只需要"建造"一层，但如果是一块复杂的芯片通常有许多层，这时就需要再涂上一层光刻胶重复光刻、掺杂的过程。制作完成后，把一整个硅晶圆切成一小块一小块，进行封装测试，芯片就制作完成了。

小小的一块芯片科技含量极高，又牵涉到国家的信息安全以及制造业的转型升级，所以它是当今乃至未来很长时间国家重中之重的战略领域。甚至可以说，未来谁掌握了更强大的芯片技术，谁就将握有未来人工智能时代的大门钥匙。我国是全球最重要的芯片消费市场之一，芯片产业发展迅速，在芯片设计、制造、封装和材料、设备等领域都拥有非常多的优秀企业，但目前从产业整体看，我国与国际先进水平相比还有相当大的差距，高度依赖进口，关键核心技术仍然受制于人，亟须加大研发投入和相关专业人才的培养。

8 人工智能如何听懂你的话

一天，老徐晨练完拿出了女儿买给自己的新手机，对着手机说："我想给女儿打电话。"系统通过识别，立即将电话拨出。老赵看见了惊叹道："你这手机也太牛了！"老徐说："是呀，这叫智能助手，你只要说出你的需求，它就可以自动完成。你还可以对着它轻轻哼唱一段音乐，它就能搜索出相应的一首歌。可方便啦！"老赵好奇地说："真好，但它是怎么听懂你说的话呢？"

不知道你有没有发现，智能语音技术已经渗透到你的生活中。你可以通过唤醒语音操控系统，将家里的空气净化器、空调、加湿器等电器调节到最舒适健康的状态；你也可以用语音代替手写输入文字；出国

25

旅行时，你还可以通过语音识别将其他国家的语言转换成中文。这些语音识别技术不仅已经变为现实，而且准确度、便捷度都越来越高。

事实上，人类很久以前就试图对机器讲话，或者至少让机器对我们说话。语言是人类最自然、最方便的交互方式，让人类与机器实现语言的简单互动一直是各国科学家努力探索的方向。然而，让机器听懂人说话，从接收语音到识别语音，再到理解判断，最后反馈服务结果，要实现这些功能并不容易。

在机器与人互动交流的过程中，机器既要能"听懂"又要能"回答"，这需要人工智能对其进行支撑，具体包括两个方面的核心技术，即语音识别和自然语言处理。语音识别技术就好比"机器的听觉系统"，是让机器通过识别和理解过程，把语音信号转变为计算机可读的文本或命令的技术，其本质是通过提取语音的声学特征，将特征与声学模型、语义模型进行匹配、识别、解码。其中，语义理解所需的自然语言处理技术是当前计算机科学领域与人工智能领域的一个重要方向，主要研究的是能实现人与计算机之间用自然语言进行有效通信的各种理论和方法。美国微软公司创始人比尔·盖茨说过："语言理解是人工智能领域皇冠上的明珠。"语言作为知识的载体，承载了复杂的信息，具有高度的抽象性，对语言的理解属于认知层面，不能仅靠模式匹配的方式完成。举例来说，一句话在不同的语境下可能意思是截然相反的，当别人对你说"你可真行"时，需要基于特定的语境才能分析出来他是在夸奖你，还是在责怪你。反过来，一种意思也可以有多种表达方式，比如说"我饿了"和"我的肚子咕咕叫了"字面表达虽不同，意思却是一致的。因此，如何让机器"懂"人类，要让人工智能听懂人类语言背后的真正含义，就需要结合场景、上下文对话、不断训练才能一步步提高"懂"的层级，进而做出正确的回答和反馈行为。

9 人工智能会翻译"外国话"吗

李阿姨的儿子在英国的一个小城市读书,已经很多年没有回家了。李阿姨想念孩子,想去探望。可是去英国要转机,要填表,还要过海关,李阿姨不会英语,因此犯了难。就算顺利到了英国,因为语言不通,李阿姨除了孩子没有人可以说话,时间久了难免感到孤单。李阿姨想,要是有个装备可以把看到的、听到的外文实时转换成中文,那么出国探亲、旅游和购物,就再也不用担心语言问题了。

目前,全球有超过 6 000 种不同的语言,语言不通是阻碍交流的一大障碍。想要随时随地"看明白""听清楚"不同的语言,离不开自然语言处理技术。所谓"自然语言",就是自然发展而成的语言,汉语、英语、日语都是自然语言。要实现不同语言的即时翻译，首先要让机器能够理解人类的语言。在人工智能出现以前，机器无法直接理解人类的语言，于是才出现了程序员这一职业。程序员将人类的语言通过"编程"转化为一串数字，只有这样机器才能理解人类的指令。

自然语言处理技术是通过计算机对人的语言进行处理，先把"看到"或"听到"的语言转化为机器可以理解的数字，然后按照人的指令进行一系列的计算，最后把计算结果输出为人类的语言。举例来说，假设你正在和一位英国邻居聊天，计算机会首先把你听到的英文变成一串数字，然后按照一定的规律计算出一串新的数字，最后计算机把这串新的数字转换成中文，这样你就可以听明白英国邻居在说什么了。简单地说，自然语言处理技术在机器和人之间架起了一座桥，让人和机器可以交流。

自然语言处理技术功能强大，翻译只是其中一种能力。自然语言处理还可以用于信息提取。比如，老张爱好养花，那么在电脑上搜集如何养花的资料时，智能搜索引擎分析了老张的检索习惯，发现老张喜好兰花，尤其是蓝色的蝴蝶兰，于是从数以万计的网页中快速提取了"蓝色""蝴蝶兰"相关的信息，从而为老张提供了针对性的检索。自然语言处理另一项重要功能是自动问答。比如，我们常见的智能手机上的语音助手，只需要用户使用自然的对话与手机进行交互，就可以完成搜索资料、查询天气、设置手机日历、设置闹铃等许多服务。

自然语言处理技术还被运用于分析大数据和历史行为记录，发现用户的兴趣爱好，从而对用户的需求进行精准匹配。例如，某资讯类 App 通过分析用户阅读的内容、时长、评论等偏好，分析用户关注的话题和关键词，对用户进行精准"画像"，从而实现资讯的个人定制服务，吸引更多的用户。

延伸阅读

自然语言处理是一门横跨语言学、计算机科学、数学等领域的交叉学科。自然语言处理的目标是弥补人类交流（自然语言）与计算机理解（机器语言）之间的差距，最终使机器在自然语言上达到接近人类的智能。未来，自然语言处理的发展能使人工智能应对更加复杂的情况、解决更多的问题，也必将为我们带来一个更加智能化的时代。

10 机器视觉让刷脸、识物成为现实

场景

老吴在支付宝注册了一个账号，实名认证的时候需要填写身份证信息，正当他戴着老花镜一点一点输入的时候，老李走过来看见了说："我帮你吧。"只见老李拿着手机对着身份证拍了几张照片，信息就自动填好了。老吴一脸惊诧："这么简单就填好了？"老李说："厉害吧，智能识别，可方便了。"那么，智能识别是怎么做到的呢？

近年来，智能识别技术已成为我们生活中的一部分。比如，已经广泛应用在手机解锁、刷脸支付、人脸门禁、刷脸过关等实际场景中的人脸识别，在智能零售中的商品识别，在停车场的车牌识别，甚至在养殖场中的"猪脸识别"等，这些都是依靠机器视觉技术实现的。然而，这仅仅是机器视觉技术应用的冰山一角。那么，机器视觉是什么，它是如何实现的呢？

据统计，人类获取外部信息有 80% 以上来源于视觉，由此可见，视觉是人类观察世界和认知世界的重要手段。通过视觉，我们可以获取外界事物的大小、明暗、颜色、状态等信息，还可以在不需要进行身体接触的情况下，直接与周围环境进行智能交互。因此，机器视觉也被视为目前最具应用价值的人工智能技术之一，它能够让机器具备"从识人知物到辨识万物"的能力，从而看懂、理解这个世界，帮助我们在生产和工作中提升处理信息的效率。简单来说，机器视觉就是研究如何用摄影机和电脑代替人眼对图像进行特征提取和分析，并由此训练模型对新的图像数据进行检测、识别，从图像数据中获取"信息"，让机器能"看见""看懂"。

随着深度学习的突破，机器视觉的识别能力突飞猛进。以机器视觉最基本的应用——图像识别为例，虽然人类的识别能力很强大，但是对于高速发展的社会，人类自身识别能力已经满足不了我们的需求，就像人类研究生物细胞，需要用显微镜等精确观测的仪器。图像识别技术的产生就是为了让计算机代替人类去处理大量的物理信息，解决人类无法识别或者识别率低的问题。图像识别的过程，简单来说可以分为信息的获取、预处理、特征抽取和选择、分类器设计和分类决策等环节，先通过传感器将图像等信息转化为电信息，通过去噪、平滑、变换等操作，加强图像的重要特征，提取有用的特征，通过训练过的分类器对被识别对象进行分类，从而做出相应的反馈和决策。

作为一门交叉学科，机器视觉技术与许多学科有重要联系，如机器学习、神经生物学、认知科学、信号处理（图像处理）等。未来，机器视觉仍然面临很多挑战，例如：如何提高模型的泛化能力，即怎样才能让机器视觉对未曾出现过的场景仍能很好地识别；如何利用小规模和超大规模数据；如何进行全面的场景理解，即除了识别和定位场景中的物体之外，人类还可以推断物体和物体之间的关系、部分到整体的层次、物体的属性和三维场景布局等。

11 人工智能与机器人能混为一谈吗

一天，张奶奶看见小孙子在玩机器人，这个机器人会唱歌、会跳舞，可有意思了。但是，她有个疑问："这个机器人是人工智能吗？我们平时说的人工智能就是机器人吗？"

制造出像人一样的机器既是世界各国文明的不懈追求，也是人类对自身世界的探索。在古代中国文明中，有记载的有黄帝时代发明的"指南车"、西周时期的"伶人"、东周时期鲁班的"鹊鸟"、三国时期诸葛亮的"木牛流马"等自动机械装置。在其他世界文明中，有公元前1400年左右古巴比伦人发明的"漏壶"，公元前200年古希腊人发明的"自动机"，中世纪欧洲著名科学家和艺术大师达·芬奇发明的以齿轮为驱动装置、可坐可站且头部会转动的"机器人"。

尽管人类对机器人的探索已经有几千年的历史，

但是机器人概念的诞生和世界上第一台机器人的问世都是近几十年的事。随着近代科学革命的发生，技术水平更高的"机器人"相继出现。"机器人"完成了从单一的机械动作发展到完成复杂的机械动作，动力装置也从机械动力发展到电动装置的演进，并且这种重复性的机械动力装置被逐渐应用到工厂劳动中。1958年，被誉为机器人之父的美国人恩格尔伯格创建了世界上第一家机器人公司，并于1962年生产出第一台机器人，机器人的历史才算真正开始。但是，直到1981年美国国家标准局才提出一个世界公认的机器人定义：一种通过编程可以自动完成操作或移动作用的机器装置。1987年，国际标准化组织对工业机器人进行了定义：工业机器人是一种具有自动控制的操作和移动功能，能完成各种作业的可编程操作机。至此，机器人的概念才明确下来。

其实，从人工智能和机器人的概念看，可以知道二者是两个不同的并行技术。人工智能反映的是一种能力，如图像识别、人机交互、自然语言理解、机器学习等，它可以通过技术为机器人赋能，大大提升机器人的能力。机器人只是人工智能技术的一种载体，是展示人工智能技术的一种形式，并不是所有的机器人都具有人工智能，只有采用了人工智能技术的机器人才能称为人工智能机器人。例如，一个具有拾取功能的机器人，如果它只能以完全相同的方式拾取和放置物品，并不需要具有任何"智慧"，那它仅仅是一个机器人。但是，如果它能检测正在拾取的对象，根据对象的类型将其放置在不同的位置，说明它具有一定的"思考"能力，那么它就是一个具有人工智能的机器人。

智能一点通

"60岁开始读"科普教育丛书

智能家居新生活

12 能联网的就是智能家电吗

场景

老王最近很开心，儿子给他买了台智能冰箱，不仅外形好看、制冷效果好，还可以联网，想吃什么不知道怎么做，直接问一下，就能搜索出菜谱和制作视频，方便极了。每当朋友来老王家做客，老王就得意地给朋友们展示他的新冰箱，朋友们都赞不绝口，可是老张看了却说："你这冰箱只是能联网，并不是真正的智能。"老王疑惑了，究竟什么样的冰箱才是智能冰箱呢？

提起智能家电，你的脑海里是否浮现过令人向往的场景：清晨，当你洗漱完毕，智能电饭煲里已经准备好早餐正等着你享用；一出门，家里的扫地机器人就开始打扫卫生，安防设备自动启动，若有人非法进入会自动提醒；当你回到家，电灯自动调到舒适的亮度，智能冰箱将依据你的口味提前为你准备好食谱和食材，直接将食材送到智能炒菜机中，一顿美味的佳肴很快就能上桌；当你坐在沙发上休息时，智能电视将根据你的喜好为你开启休闲时光……现实生活中，你是否发现，近年来几乎所有的家电类产品都带上了"智能"二字，智能电视、智能空调、智能冰箱、智能灯泡、智能门锁、智能洗衣机……甚至出现了智能油烟机、智能炒菜机这些让人匪夷所思的产品。然而，实际使用后，你发现这些家电似乎没有我们想象中那么聪明，不少商家只是跟风把物联网、语音交互等技术与家电产品进行简单结合，就给它们贴上了"智能"标签，有些"智能"功能的噱头成分居多，基本还是通过 App 遥控和定时功能来进行操控，并没有从实用和体验层面出发给用户生活带来切实有效的改变。然而，这些贴上智能标签的家电产品比传统电器的价格普遍高出许多，有的价格甚至翻了几倍。那么，到底什么样的家电才是"智能家电"呢？

　　所谓智能家电，其实是基于大量数据支撑，能够通过不断"学习"，与人、环境之间实现良好交互的家电。它可以因人而动，因环境而动，能感知人、环境的变化，根据客户的使用习惯和需要自动调节。以智能冰箱为例，真正的智能冰箱应当可以通过计算机视觉技术收集数据来实现对冰箱内食品的分析，并衍生出用户健康管理和线上购物等功能，比如，显示鸡蛋是哪天放进去的，什么时候会过期，甚至在必要时可以自动上网购买，并为用户科学搭配营养食谱。

再举一个例子，看看什么样的空调才是智能空调。首先，它需要通过人体传感器、温湿度传感器，感知人、环境的变化，再基于人的活动情况及环境温湿度情况，依据一定的逻辑算法，进行环境温湿度调节。同时，在一次次工作中，它要能够学习掌握使用者的习惯，如使用者的作息时间、喜欢的室内温度。真正的智能就是这样无处不在，它能感知、可交互、会思考、有反馈，能够及时为你提供更加有"温度"、人性化的服务，它会随着你的需求变化随时调整，但又不需要随时动手操作。因此，只能简单联网、能回答问题的家电并不一定是智能家电，只有具备数据分析能力、学习能力的家电才能称为智能家电。

小 贴 士

目前，国内的智能家电还处于起步阶段，虽然涉足的制造商很多，但关键技术领域还有待突破，且目前尚未形成统一的智能家电行业标准。因此，人工智能技术在家电行业实际应用的深度、广度都有待提升。部分制造商将传统家电简单加入远程控制、语音识别功能就将产品宣传为智能家电，标以高价，但在功能、服务上并未有明显提升，有时还有点"鸡肋"，大家一定要仔细辨别，只有"能感知、可交互、会思考、有反馈"的才是真正的智能家电。

13 扫地机器人身上有什么高科技

近年来，扫地机器人已经逐渐走进千家万户，人们只需要按动一个小小的按钮或者通过语音控制就能老王患有腰椎间盘突出症多年，医生不建议他弯腰去做家务，可是日常扫地、拖地免不了要弯腰。一天，老王看见电视广告中扫地机器人非常智能，很心动。但是，他心里存有疑惑：扫地机器人真的能打扫干净吗？它身上有什么高科技呢？

让它开始或者停止工作，为我们的日常清扫节约了不少的时间，也提供了很大的便利。扫地机器人小小的个头，看似很简单却兼具很多的科技，其中涉及了人工智能、电子、机械和控制等多个学科领域。

一般来说，扫地机器人的控制分为感知模块、控制模块、移动模块和吸尘模块。众所周知，扫地机器人可以自动识别周边的物品，有效防止在扫地过程中碰到障碍物，这其实是由于扫地机器人身上搭载着测距仪和传感器：超声波传感器会向外发射超声波信号，随后超声波接收器会通过接收障碍物反射回来的信号判断前方障碍物的大小和距离。除此之外，扫地机器人还安装了防止扫地机器人过热的温度传感器，检测储尘盒是否已经满了的检测传感器等，能及时提醒用户避免机器故障、更换耗材，从而减轻了用户管理、维护扫地机器人的负担。其实，这些仅仅是扫地机器人最基础的功能。扫地机器人最核心的功能

是路径规划功能。路径规划是指扫地机器人通过自身传感器对环境信息进行采集和认知，并确定扫地机器人工作环境和自身位置信息，进而规划出一条最优的工作运行路线。路径规划是避免重复清扫、增加单次清扫面积、节约清扫时间的关键，直接影响扫地机器人的工作效率。"智能"的扫地机器人在工作的过程中，能够较为精确地绘制出工作区域的地图和工作路径，并根据算法，不断学习、优化自己的运行路线，提高工作效率。此外，一些扫地机器人还能通过自主识别工作区域的污渍顽固程度，通过算法判断，自动调整清扫的力度和次数，以达到清洁效果。

值得注意的是，目前市面上的扫地机器人不仅具

有吸尘、扫地的功能，有的还具有拖地功能，只需要往扫地机器人配备的水箱里注满水，安装上专用拖布，扫地机器人在运行过程中就会均匀地向地面喷水、拖地，用户还可以根据实际情况，调节扫地机器人的拖扫力度，以达到更好的清洁效果。不仅如此，市面上还出现了能自动清洁的扫地机器人，每次扫地机器人拖完地不需要人工手动拆卸拖布清洗，扫地机器人能够通过算法判断抹布清洗节点，自动返回基站清洗拖布，再返回中断地点继续拖地，完成清扫工作后也不需要用户手动拆卸拖布清洗，只需要将污水箱中的水倒出，再将净水箱中的清水补充好，扫地机器人下次就能顺利工作了。

小 贴 士

目前市面上的扫地机器人品种繁多，但良莠不齐，有些商家打着人工智能扫地机器人的幌子，制造出价格低廉但功效根本不达标的产品。大家在购买的时候一定要擦亮眼睛，多现场体验，购买符合国家标准的正规产品。

14 你能区分 AR、VR 和 MR 吗

场景

一天，老张到老林家做客，老张看到老林头上戴着个大眼镜十分好奇。原来，老林正在玩儿子给他买的 VR 体感游戏机。老林兴奋地给老张介绍："这个体感游戏可好玩了，戴上眼镜你就有一种身临其境的感觉，来试试吧。"老张听完十分感兴趣，接过眼镜试玩起来，感慨道："是挺神奇的，这是怎么做到的呢？"

近年来，增强现实、虚拟现实和混合现实的发展十分迅猛，并有望重新定义我们看到和体验世界的方式。

2016 年夏天，一款名叫《精灵宝可梦 GO》的手机游戏一夜爆红。这款游戏以现实世界作为游戏地图，吸引了全球上千万用户走出家门，举起手机，深入大

街小巷寻找小精灵"宝可梦"。这款游戏利用的就是增强现实技术（人们通常将其简称为"AR"）。AR 将虚拟的影像（如虚拟的小精灵）叠加到真实的世界里，然后通过手机或平板电脑等设备显示出来，从而让平面的内容"活了起来"。

　　AR 还被用于增强舞台效果。2016 年里约奥运会闭幕式上，AR 在"东京八分钟"里大放异彩，马里奥、凯蒂猫、蓝胖子等日本漫画角色和 33 个奥运比赛项目以虚拟影像的形式在奥运主会场内闪亮登场。2017 年江苏卫视的跨年演唱会上，当歌手李健演绎歌曲《假如爱有天意》时，虚拟的鲸鱼从"海平面"腾空而起，激起重重浪花，引爆全场。

AR 在零售和电商中也显示出巨大的优势。AR 能够为用户提供更多的互动体验。例如，在网店上购物时，AR 可以让用户查看能够 360° 旋转的商品，也可以进行虚拟试用，用户可以根据个人喜好来选择商品的颜色、大小和款式。在店内购买时，只需要扫描商品的二维码，购物者就可以了解更多类似商品的销售情况，比较价格，甚至找到附近可能有该产品的店铺。

与 AR 基于现实世界不同，虚拟现实技术（简称VR）创造的是完全的虚拟世界。VR 可以模拟人的视觉、听觉、触觉等感觉器官的功能，使人身临其境，沉浸在计算机生成的虚拟世界中。在虚拟世界中，人们可以通过语言、手势等方式进行互动交流。VR 通常需要装备头戴式显示器，又称为 VR 眼镜。

VR 让人们突破了时空的限制，应用场景十分广阔。例如：宇航员可以利用 VR 进行仿真训练；建筑师将图纸制作成三维虚拟建筑物，方便体验与修改；房地产开发商让客户能身临其境地参观房屋；虚拟超市让你在家也能"逛商场"；带上 VR 眼镜，不用排队就可以参观卢浮宫，还可以让你置身南极看企鹅……

混合现实技术（简称 MR），是虚拟现实技术的进一步发展。它通过在虚拟环境中引入现实场景信息，在虚拟世界、现实世界和用户之间搭起一座信息交互的桥梁，从而增强用户体验的真实感。MR 使人们能够在相距很远的情况下跨越空间进行交流。例如，在 5G 网络的加持下，相隔两地的医生能同步进行手术。

也许你会好奇，MR 与 AR 有什么不同呢？AR 是将虚拟影像叠加到真实世界上，而 MR 则是把真实世界也进行了数字化处理，从而形成了与真实世界 1︰1 的镜像世界。相比之下，MR 拥有比 AR 更加强大的功能，如在 AR 的场景中你只能"观察"虚拟的 F1 方程式赛车，而在 MR 的场景中，你还可以操纵赛车。

15 有了智能翻译机，我们还要学外语吗

场景

随着社会的发展，人工智能已经逐渐进入了我们的生活。老王最近很开心，女儿给他买了一台智能翻译机，不仅外形小巧、方便携带、能翻译多国语言，还有无线联网功能，对经常出国而语言又不通的老王来说方便极了。老王在店里喝茶，经常跟朋友显摆他的智能翻译机，茶友们当然也赞不绝口，老张看了看却提出了疑问："翻译器那么强大，有了它，我们还需要学外语吗？"

目前，市场上已经有不少翻译软件，可以轻易地进行简单的不同语言的会话翻译。当你出国旅游时，一款翻译 App 基本就可以解决旅途中的语言问题，包括住酒店、点菜、乘坐交通工具等，比如"我要点

菜""我要住酒店""对不起""谢谢"等词语或者短句。我们经常在大型商场看到的导航机器人也支持多种语言导航，顾客可以用自己的母语向机器人问路，机器人通过人工智能的语音识别、大数据和翻译功能，可以准确告诉顾客最佳路线。更神奇的是，当一个美国人和日本人视频对话时，软件还可以进行同声传译。随着人工智能在翻译技术上的迅猛发展，人们不禁要问：今后我们还需要翻译吗？还需要努力学习外语吗？

从早期的词典匹配，到词典结合语言学专家知识的规则翻译，再到基于语料库的统计机器翻译，随着计算机运算能力的提升、人工智能技术的快速发展和多语言信息资源的爆发式增长，机器翻译技术逐渐走出象牙塔，开始为普通用户提供实时便捷的翻译服务。相较于人工翻译，人工智能翻译的主要优势在于便宜、快捷，不同语言也可以随意转换，这对于一些不需要那么专业、精准翻译的场合是非常合适的选择。但是，目前的人工智能翻译还未实现不同语言准确性的标准化。真正的智能翻译器应该结合语言差异和文化差异，以共同的文化知识为依托。无论是词汇语法，还是语气声调的变化，都应具备机器学习、数据分析能力，并能够迅速准确地进行翻译。然而，这些也正是人工智能无法替代人工翻译的地方。

因此，人工智能翻译的出现，并不是为了取代人工翻译，而是为了更好地帮助人类完成工作，并进行有效的补充。未来，人工翻译与人工智能翻译将实现错位竞争，人工智能能够取代翻译中技能比较单一、对人的智慧需求比较少的部分，占据中低端翻译市场的主导地位，让人们可以腾出更多的精力去从事更有创造力的活动，而人工翻译则更多地面向对翻译专业性、精准度要求高的高端市场。

小 贴 士

目前的机器翻译技术尚不成熟，无论是文本翻译还是口语翻译，机器翻译的质量远没有达到令人满意的水平。不同的语言承载着不同的文化，塑造着不同的思维。纵然英语可以被"工具化"，但它依然有着强大的"非工具"属性。语言背后的情感、内涵是无法靠翻译软件去获知的，只有在深入学习后才能领悟到。

16 AI 课堂如何让学习更加容易

场景

　　李奶奶的小孙女从小学钢琴，可是孩子的爸爸、妈妈经常加班，没办法陪孩子练琴。李奶奶也不会弹琴，陪着孩子练琴的时候也不知道孩子弹得对不对，李奶奶听说现在教育也开始智能化了，是不是有什么办法能帮忙辅导孩子练琴呢？

　　无论是孩子还是成年人，每一个人都有独特的思维特点和学习方式。比如，有的人喜欢和别人讨论，有的人喜欢自己读书，有的人擅长数字，有的人偏好写作。如果能找到适合自己的学习方式，不仅学得快，还能有兴趣；反之，则会学得慢，还容易对学习产生厌倦和抵触的情绪。同时，每个人的学习节奏也不同，一旦打破了自然的节奏，学习就会变得枯燥乏味。

　　在传统的课堂上，老师只能用一种方法、一个节奏上课，很难满足所有学生的需求，而在人工智能算法的辅助下，这些问题能够迎刃而解。通过收集和分析学生的学习数据，人工智能可以勾勒出每一个学生的学习方式和特点，然后自动调整教学的内容、方式和节奏，使每个学生都能获得最适合自己的教育。例如，如果一个学生不清楚什么是"电"，那么系统会打开关于电的页面，并帮助学生理解电的概念。当学生表示理解以后，系统还会设计出多种形式的互动来帮助学生强化理解。同时，老师也可以随时观察学生的学习进度。对于学得快的学生，老师可以增加学习内容的深度，或者加快课程进度；对于有困难的学生，老师可以给予特别辅导，并适当调整学习内容，让学生不会感到力不从心。

随着音视频识别技术、云计算的发展，人工智能课堂的互动性显著增强。以人工智能钢琴课为例，运用音频识别技术、图像与视频识别技术，课堂上将以全键盘视角采集学生的手部动作与钢琴键盘视频，清晰录制学生弹奏过程中的每个细节，并利用云技术将其永久保存。在此基础上再利用人工智能与大数据技术，对钢琴家与普通学生的演奏数据分析对比，形成客观的学习效果和学习能力评价，切实助力提升学生的学习效率与教师教学效果。相较于传统课堂，AI课堂赋予了学生更大的自主性，可以随时随地进行学习，并增加了课堂的趣味性、互动性，让学生更加享受学习的过程，且AI课堂的课时费用远低于传统课堂的课时费用。AI课堂的出现，对老年人来说也是一个福音。通过AI课堂，老年人可以足不出户体验各种门类的学习，弥补年轻时的遗憾，更加丰富自己的老年生活。

17 历史迷的智能好帮手

人工智能的应用已经渗透到几乎每一个科学领域，包括考古和历史。那么，人工智能在考古和历史中发挥了哪些作用呢？一方面，人工智能可以辅助人类进行考古图像的识别与归档，如基于算法的文物识别、文物数据化、考古现场数据化。人们可以利用人工智能的计算机视觉技术来发现可能的考古遗址，复原或重建考古文物。例如，美国纽约州立大学宾汉姆顿分校的一个研究小组就利用自己开发的基于图像分析技

场景

老陈是个历史爱好者，一天他发现谷歌公司推出了全球首个基于人工智能的埃及象形文字翻译工具Fabricius，可以通过它学习埃及象形文字，或者直接将自己想要说的话翻译成象形文字。老陈想："人工智能可以帮助识别象形文字，对古文字的研究有很大帮助，那么人工智能还有哪些方面可以帮助我们开展历史研究和学习呢？"

术的自动算法，识别出了东南美洲原住民建造的大型土堆和贝壳堆。人们还可以利用计算机视觉算法助力文物的修复。相较于一般的图形组合算法，文物修复、碎片重组算法的难度要大得多，因为这些文物的年代久远，图像并不清晰，往往还存在缺失。运用人工智能技术，可以在试图重建文物之前，运用算法模型模拟逆转侵蚀过程，并预测原始碎片的样子。此外，人工智能还能帮助进行文物鉴别，如美国罗格斯大学和荷兰绘画作品恢复和研发工作室的研究人员利用人工智能，将毕加索等著名画家的画作分解为8万多个单独笔画，这些笔画数据对赝品的鉴定有很大帮助。

另一方面，人工智能可以进行文献文本的识别与转码，如原始文献的文字识别读取、文献聚类、文献数据化，促进文献数据库的知识图谱化与机器学习应用。2016年9月，微软公司与敦煌研究院合作开发的莫高窟智能讲解员"敦煌小冰"与观众见面。这款嵌入手机微信中的智能对话系统，在与民众"互动"言谈之间，能够准确回答有关敦煌文化、历史、旅游、学术研究等方面的问题。通过自主知识学习技术，"敦煌小冰"能够对自然语义进行理解学习，在短时内对海量的素材知识进行学习归纳，并基于检索与排序，直接从数据库中选取相关内容对问题做出回复。在学习了互联网上千篇与敦煌文化相关的文章和上千页的敦煌专著《敦煌学大辞典》后，"敦煌小冰"成为一名敦煌莫高窟24小时在线"专家"，用户可以通过与它对话，直观感受到随身有个敦煌攻略小助手和知识讲解员的贴心服务体验。人工智能的应用不仅有助于研究人员开展历史研究，还有助于历史文化知识的传播。

此外，人工智能还能帮助研究人员追踪不同语言的演变，发现和研究早期人类的行为。例如，使用弹性网络、神经网络、人工智能算法以及深度学习来识别西夏文等。

18 你也能成为移动的"百科全书"

场景

一天，老陈一家到森林公园游玩，孙子乐乐对公园里的各种花花草草充满了好奇，一直问："爷爷，这是什么呀？""这好像是枫树，又不太像……爷爷也不太知道。"老陈回答说。这时，儿子小陈拿出手机对着树拍了张照片，手机立刻就显示出树的名称，原来这个树是枫树的近亲，叫"枫香树"。乐乐笑着拍手说："哇，爸爸，好厉害呀！什么都知道。"小陈说："那是因为爸爸用了拍照识物功能，不但可以识别花草树木，还可以识别很多别的东西呢。"

我们的手机里常用的拍照识物功能，实际上就是人工智能的图像识别功能，是由深度学习提供动力，模拟视觉皮层分解并分析图像数据，通过拍照就可以实现对任意实物的搜索。比如，拍衣服找相似款进行比价，拍果蔬知晓其热量从而找菜谱，以及拍花卉认识名称并了解其种类、特征等。

人工智能究竟是如何实现拍照识物的呢？实际上，我们现在所能创造出来的"智能"都是由电子神经元网络组成的。机器并不像我们人类的大脑和感知器官运作得那么协调。比如，当人类看到一只狗的时候，大脑能很快地从已有知识体系中判断出这是什么动物、什么品种的狗，但这个判别过程对机器来说并不容易，需要通过复杂的算法和数据构建模型，从而获得感知和判断能力。

那么，当机器面对一只金毛和一只拉布拉多时，如何区分它们是不同品类呢？这就不得不提到深度学习系统中一个重要算法——卷积神经网络，它也是图像识别的核心组成部分。当面对这两只体型相似的狗时，机器并不能直接完整识别出来，而是将一个完整的图片分割成许多个小部分，先识别每个小部分的轮廓并提取特征，然后识别这些轮廓组成的形状（如眼睛和耳朵），再识别这些形状组成的部位（如头部），最后把各部分具有的特征汇总到一起进行区分和判断。

人工智能不但可以拍照识物，还可以听歌识曲。当你听到任何一首不知道名称或是暂时忘记名称的曲子时，都可以拿出手机打开听歌识曲功能，只需要短短几秒手机就可以识别出这首曲子的名称，甚至可以定位到这是歌曲的哪一段。那么，这项神奇的功能是怎么实现的呢？实际上，听歌识曲采用了音频指纹检索技术。它首先对千千万万首歌曲提取音频指纹，然后根据指纹特点建立指纹数据库。当我们发起歌曲检索请求后，它将在相应歌曲库中进行检索，直到找出具有相同音频指纹特征的匹配的歌曲。

世界之大，无奇不有，在生活中我们难免会遇到不为我们所知的东西，通过人工智能图像识别技术、音频指纹检索技术等，我们可以识别出想要识别的东西，如动物、植物、音乐、菜品、车型等，也就是说，人工智能能够帮助你成为一本行走的"百科全书"。

19 "AI 鉴酒盒子" 帮你品酒

老王邀请老张到家里吃饭，老王大方地拿出一瓶收藏多年的酒，两人兴致勃勃地聊起了关于酒的话题。然而，两人也因为这瓶酒发生了一点争执。老张说酒是假酒，老王说自己是从正规渠道购买的酒，肯定没问题。在现实生活中，很多人可能也面临和老王一样的问题，收藏了很多酒，但并不是真正懂酒，难以鉴别酒的真伪。那么，人工智能能否帮助我们鉴酒呢？

人工智能不仅改变了我们的生活，也改变了很多行业。人工智能让人与人之间远程的交流方式从车马和书信变成了手机和电话；让新时代的我们能够轻松了解到明天的天气情况，甚至可以了解下一周的天气情况。这些人工智能应用早就融入了我们的生活。但对于普通人来说，酒的鉴定是一件极为专业且复杂的事情。过去普通的消费者和商家只能用看、闻、品的方式对酒进行鉴定。这种传统的鉴定方式鉴定出来的结果可能并不准确，而且不具有权威性。正是有了人工智能，鉴酒行业也发生了改变。

近期，一款利用人工智能算法打造的智能鉴酒设备正式面世。这款设备名为"AI鉴酒盒子"，能够在任何时间、任何地点快速地鉴定出老酒的真假，还能够给出这瓶酒的市场价格。"AI鉴酒盒子"通过综合运用云计算和人工智能等科技手段，实现了高端酒线下检测鉴别真伪的自动化和智能化。"AI鉴酒盒子"在鉴定的过程中通过图像识别、称重、光学扫描等方法，对酒的外观特征、酒线、瓶体完好度等方面进行识别，进而鉴别其是否符合正品特征，满足买卖双方的鉴别需要。目前，"AI鉴酒盒子"可以鉴定20年左右的酒，升级以后还可以鉴定更多的酒品。利用人工智能对酒进行鉴定，解决了目前行业中存在的鉴别信息量大、人工检测费时、过于依靠个人经验等问题，在传统只能依靠人工实现的领域实现了突破。

小 贴 士

　　人工智能鉴酒系统还可联动防伪溯源系统，精准记录商品从原产地到消费者的全生命周期的各项重要数据，实现全流程追溯，切实保护消费者权益。但是，美酒虽好，切不可贪杯哦。

---

20 AI营养师如何让你更健康

　　随着生活水平的提高，除了一日三餐的温饱之外，人们更加追求健康的饮食，尤其老年人的养生意识越来越强。但是，营养健康知识在我国的普及程度不高。庆幸的是，近年来，人工智能已悄然进军食品营养健康产业。如在人脸识别、医疗影像识别等领域得到广泛认可的人工智能识别技术，在食品的识别中也起到了关键性的作用，它已经可以通过食物图像的特征来

场景

老吴年龄越来越大了，身体各项机能都在衰退，血压日益升高。医生叮嘱老吴，以后饮食要更加注意营养均衡，尤其多吃一些对降低血压有益的蔬菜和水果，如猕猴桃、玉米须、橙子、芹菜、苦瓜等。可是，老吴不懂营养学，不知道自己该补充一些什么营养，怎样合理搭配饮食。他联想到最近经常看到关于人工智能的新闻，心想："不知道人工智能能不能帮助我合理搭配饮食呢？"

识别不同的食物。同时，由于机器具有人类所不能及的计算速度和存储能力，它可以通过算法精准地记忆不同种类的食物中所含的营养。因此，人工智能可以根据老年人的身体需要，设计出个性化的食谱。可以说，人工智能在营养饮食领域的应用相当于为每个老年人身边配备了一个专业的私人营养师，可以帮助老人随时随地分析食物营养并提出饮食建议。有研究结果显示，在机器学习技术的支持下，人工智能营养师可能比真实营养师提供的建议效果更好。

目前，一款基于人工智能视觉识别技术和机器学习技术的饮食识别应用已经研发成功，只要老年人在做饭之前拍摄一张食物照片，它就会自动分析出食物的营养成分，从而帮助老年人合理管理饮食的营养摄入。人工智能技术通过对数据的解读来提供更合适的医学营养治疗方案，很好地缓解了营养师和医生资源紧缺的压力。

小 贴 士

人工智能虽然已经进军饮食营养界和医疗界，但是还没有普及到普通家庭。人工智能在饮食营养界和医疗界还有很长的路要走。值得注意的是，不要轻易相信那些食疗就能治百病的文章，我们的身体健康一旦出了问题一定要及时去医院看病，而不要被一些所谓的食疗治病方案带入误区。

随着大数据的发展，未来老年人的餐桌有望与医疗机构进行联网，人工智能系统将根据老年人的身体健康状况提供最佳营养搭配，并传输到智能厨房终端设备。智能厨房可根据营养搭配自动采购食材，并智能推送适合老年人的菜谱。

21 你相信 AI 医生吗

场景

老徐最近经常胸闷、头疼，于是便上网咨询自己究竟是得了什么病。结果很快就收到一条回复，给出相关症状对应的几种可能的疾病，并给出了一系列就诊建议。老王仔细一看，回复的人居然叫 AI 助手。老王十分疑惑：人工智能也能够给人看病吗？未来人工智能会不会替代医生呢？

早在 1972 年，人工智能就已经被用于对腹部疼痛的判断。相较于人类，人工智能能够快速学习病例，分析病症和治疗方案。通过大量学习和理解，人工智能能够针对病症给出最常用的医疗方案。随着人工智能技术不断进步，人工智能在医疗辅助领域的应用潜力越来越大。2011 年，IBM 公司开发的人工智能认知系统就已经可以在 10 分钟内阅读和剖析 20 万份医学文献、论文和病例，协助医生提供个性化专业治疗建议，提供乳腺癌、肺癌、结肠癌等多种癌症的诊治服务。

当前，中国经济高速发展、人民生活水平持续提高，居民的健康意识不断增强，对高水平医疗的需求不断增加。同时，随着人口老龄化速度加快，全社会对医疗资源的需求也在不断提高。在这种情况下，人工智能技术辅助医疗服务的作用更加突出。目前，人工智能已被广泛应用到包括疾病筛查、临床决策支持、医学影像识别、健康管理、药物管理、新药开发、药效分析、医疗设备控制在内的多个领域。

以医学影像识别为例，人工智能非常擅长 CT 影像分析，利用人工智能图像识别和深度学习技术，通过训练，人工智能影像分析又快又准确，还不会疲劳。做一次 CT 扫描产生的几十幅影像，人类医师可能需要花费十几分钟进行分析，而人工智能只需要十几秒。而且，人工智能可以发现直径 6 毫米以下的结节，准确率高达 90% 以上，超过人类医生的平均水平。

当然，人工智能并不是万能的。人工智能技术能够提高医生的工作效率，但是并不能完全取代医生。由于疾病的生成因素很多，患者的情况也不尽相同，从准确性和严谨性的角度出发，患者的最终医疗方案必须由医生经过详细诊断后制订。

小 贴 士

在互联网时代，虽然我们已经习惯了生病后首先到网上搜索治病方法，但是当下网络上或者手机应用中的一些人工智能医生做出的诊断并不能作为最终结果，我们还是需要去正规医院寻医问诊，以免耽误病情。此外，一些不正规医院往往通过各种手段在搜索引擎中发布广告。因此，大家在网上咨询时，应当提高辨别能力，不要轻易相信网络问诊的结果，及早前往符合资质的医院就诊。

22 人工智能如何帮助我们管理健康

场景

老李的年龄大了，心脏经常会不太舒服，儿子又要上班不能总是在家照顾他。为了实时了解老李的身体状况，儿子给老李买了一只智能医疗手环。这只手环能够对老李的心率、血氧、体温等进行监测，通过 App 同步，社区医院的医生也能实时掌握老李的身体状况。就算老李自己忘了监测也没关系，这只手环还具备了提醒、计时、计步、语音通话等功能，它会根据儿子提前设置的时间提醒老李进行健康监测。老李经常向朋友炫耀儿子给自己买了个好东西。

智能技术的不断进步使健康服务可以借助移动客户端工具来打破时间和空间限制。近年来，全国多地积极建设人工智能医疗健康平台，大力推广社区化智能健康管理模式。人工智能医疗健康平台主要基于人工智能、大数据、物联网等核心技术，构建了能够理解人体数据、临床数据的线下健康管理中心，运用人工智能健康管理师给出的检测报告，帮助医生形成决策，协助医生为患者开具运动处方、营养处方等。通过"AI+健康管理"，实现"预防检测+治疗+康复"的服务闭环，进行精准的健康管理。

人工智能健康管理平台的一大亮点是利用自有的物联网、云计算，通过各类传感器和各类通信网络，将老年人、政府、社区、医疗机构、社会服务机构、家庭成员等紧密联系起来，搭建健康智能化数据中心平台，有效整合各方优势，推动慢性病从治疗向健康管理转变。人工智能健康管理平台利用体检记录、诊疗记录、健康指标测验等数据，全面构建用户健康画像，建立用户个人健康档案，生成统计报表和可视化报告，对过敏史、用药史、治疗史等信息及时掌握，方便用户进一步就医和用药。人工智能健康管理平台在检测指标的同时，提醒用户合理安排饮食、作息运动，对慢性病患者进行用药提醒，帮助用户养成用药习惯。人工智能健康管理平台还搭建了用户与医疗机构联系的桥梁，方便医生掌握用户治疗进程，帮助用户更好地规划和治疗，同时对用户药物使用效果、不良反应以及真实用药情况等进行回访，及时反馈给医生和药厂，有助于药品和治疗方案的进一步改善。

　　人工智能健康管理平台的普及能够对病历进行更高效的管理，每一个用户都可以通过手机应用查看自己在医院的历史预约和就诊记录，包括门诊 / 住院病历、用药历史、治疗情况、相关费用、检查单 / 检验单图文报告、在线问诊记录等，让查找病历不再困难。此外，人工智能健康管理平台还可以有针对性地对老年人进行疾病预防、治疗、控制等方面的科普宣传，根据用户实际需要精准推送药品信息，避免患者盲目购药，出现病症与药物不匹配的现象。

23 智能健身镜让锻炼真轻松

　　生命在于运动，健康的身体离不开运动。老年人坚持科学合理的运动有助于改善各项身体机能，保持

场景

老陈喜欢健身，前几天儿子送给他一面神奇的镜子，当他想健身的时候，站在镜子前可以看到健身教练和自己的全身影像，在锻炼的过程中可以同时看到健身教练和自己的全身动作，实时调整自己的动作姿态，系统也会实时反馈纠正错误动作。有了这面镜子，老陈锻炼起来方便多了。

积极健康的心理。但是，现在的健身房大多是针对年轻人设计的，且年轻人的健身方式往往不适合老年人。同时，老年人的运动系统比较脆弱，缺乏专业的教练指导很容易受伤。现如今，体育运动也正积极拥抱科技发展，有了人工智能的支持，老年人的健身就变得容易多了。

以老陈的智能健身镜为例，它在关机状态下看着与普通穿衣镜没有什么区别，但实际上它是一款装有摄像头和传感器，会陪伴、指导健身的健身产品。打开健身镜，镜面上就会出现虚拟教练，可以为用户进行在线实时指导教学。用户无须穿戴任何产品，一举一动都会被镜面上的摄像头和传感器捕捉，这些信息会成为判断依据，系统会通过屏幕里的虚拟教练实时指导和纠正用户的运动姿势。作为一款智能产品，智能健身镜建立了自己的算法，根据不同人的情况制订个性化的健身方案，提供沉浸式、趣味性的健身体验，并设置了不同的激励措施，让用户更有健身的动力。这就为老年朋友提供了极大的便利，他们可以利用碎片化的时间在家健身，还可以和朋友、孩子一起锻炼，增加互动和趣味。

人工智能与体育运动的紧密结合，给人们的运动健身方式带来了翻天覆地的变化。不难想象，在未来，人工智能还将与体育更紧密地融合在一起，在体育运动领域有更多、更有意义的应用，擦出更多的智慧"火花"。

延伸阅读

　　人工智能除了应用于日常的健身，也已经被广泛用于高水平的竞技体育。大家一定还对中国奥运健儿在东京奥运会上的精彩表现记忆犹新。其实，人工智能早已运用到了专业运动员的训练中。例如，在乒乓球训练中，乒乓球机器人能更加有效地针对运动员的薄弱环节进行训练，通过算法控制，机器人的机械臂高度还原了真人动作，可以为运动员进行接发球训练，打出的球落点准确、长短可控，非常适合进行专项训练。类似的机器人如果普及，也将成为普通老百姓的乒乓球教练和球友。中国跳水队的运动员在训练中也运用了"3D+AI"跳水训练系统。这套系统在运动员训练过程中，先进行高速视频智能采集，再运用核心算法进行 3D 视觉感知、AI 智能解析，将数据实时反馈到教练员的平板电脑上，方便教练员对运动员的姿势、动作等进行针对性指导。同时，系统还可以把采集到的 2D 高速视频通过大脑 3D 视觉技术以及深度神经网络技术估算出运动员三维的姿态，并获得每个关节的三维角度，通过人体三维重建技术，让跳水全过程进行三维再现，实现对跳水动作精准的量化评估。

24 聪明高效的智能快递配送

又是一年"双十一",张阿姨在网上购买了不少东西,看着"双十一"的销售额比前一年又突破了,她开始担心今年的"双十一"快递又爆仓,购买的东西迟迟不能收到。张阿姨的女儿知道了,告诉张阿姨:"别担心,现在有人工智能帮忙,快递的效率提高了不少,很快就能收到东西了。"张阿姨疑惑道:"人工智能还能送快递呢?"

随着互联网的快速发展,网上购物已经成为一种潮流,同时也催生了快递行业的高速发展。分单是快递的一个重要环节,过去快递小哥每天面对成千上万件快递,需要人工对包裹进行分拣,对每件快递都要写上不同的编号。快递到达各个网点后还要进行再次分拨，到达配送站后，快递小哥还需要第三次分拨。一个快递驿站每天需要几十人倒班工作，还经常出错，出现类似发往北京的快递意外送到了新疆这样的问题，严重影响了派送效率和消费者的体验。那么，人工智能如何让快递更加快捷高效呢？

人工智能的应用实现了从人工分拣到人工智能分拣的转变。以东莞的京东华南区麻涌分拣中心为例，300个分拣机器人在一个1200平方米的平台同时进行分拣工作。这里的机器人分拣线共有两层：上层的小机器人根据地面二维码指示，准确将货物投入相应货口；下层每个货口系有麻袋，对应不同的站点。一旦货物装满，便会有指示灯亮起，提示分拣员需要将麻袋扎口，并推送到传送带前往装车区域。使用机器人后，工作环节从6个减少到3个，原有的300名分拣员工精简到不超过20人，而且减少了货物的搬运次数，对货物也更有安全保障，全天的效率、作业质量都有显著提升，单小时的处理能力能够达到1.2万件。

包裹配送是快递运输过程的最后环节，也是物流链上人力资源投入最重要的环节。目前，我们常见的科技创新是无人机和无人车配送。这些无人机和无人车运用人工智能技术可以很好地识别、躲避障碍物，辨别红绿灯，还能自动驾驶、规划路线、主动换道、识别车位、自主泊车……大大缩减了派送时间。当快递即将到达时，后台系统将取货信息发送给用户。用户可自由选择人脸识别、输入取货验证码、点击手机App 链接等三种方式取货，十分方便，极大地减轻了快递员的工作负担。

　　智能物流的发展离不开人工智能技术，智能物流可以提供更高效、更精准的服务。随着人工智能的发展，一系列智能物流技术应用将引领行业未来发展方向。当下，人工智能在物流行业应用还有待突破。然而，未来的物流一定是科技的物流，科技使我们的生活变得更好。

小 贴 士

在日常生活中，我们经常能见到智能快递柜，它连接了快递公司、收件人、快递员三方，解决了快递最后100米的配送难题。当我们收到取件信息时，我们可以看到包裹所在的快递柜位置信息，找到快递柜后，点击屏幕上的"取件"图标，有两种方式可以取件，一种是直接输入取件信息中的取件码，另一种更加便捷，只需关注快递柜的微信公众号后，绑定手机号码，之后每次取件只需要直接扫二维码即可。同时，智能快递柜还可以寄送快递，当您要出门，无法在家等候快递员上门取件时，可以在快递柜的微信公众号中点击"寄快递"，再点击"快递柜寄件"选择附近的快递柜，填写邮寄信息，选择快递公司和相应的寄送服务，然后选择是寄付还是到付，下单成功后，会有一个寄件码，这个时候就可以去智能快递柜，选择寄件，输入寄件码（或者扫一扫二维码），快递柜的门就会自动打开，您只需放入包裹关闭柜门即可。

25 智能网联车就是无人驾驶车吗

一天，老王到一个科技园体验了一回无人驾驶。与传统车辆不同的是，每一辆无人驾驶车辆的车顶都有一个旋转的雷达及多个摄像头，可以实时掌握路况，将信息传递给系统做出决策。老王上车系好安全带后，车辆驾驶系统会自动检测乘客是否系好安全带以及车辆状态，车辆行驶过程十分平稳，乘客可以通过显示屏看到车速、信号灯情况等信息。老王体验后对无人驾驶汽车有了更加清晰的认识，但他有点疑惑，进园区大门时他看见门上挂着"智能网联汽车示范区"的牌子，那么智能网联汽车是什么？与无人驾驶有什么区别呢？

在现实中，大多数交通事故都是由人为因素造成的，如疲劳驾驶、醉酒驾驶、驾驶员分神等。如果可以减少驾驶员的人为因素对汽车的干预，就可以有效减少交通事故，于是智能网联汽车的概念应运而生。简单地说，智能网联汽车包含了智能驾驶和智能互联两个部分：智能驾驶是为了解决行车安全和提高车辆行驶效率等问题；智能互联则是为了改善驾驶过程中交互的便捷程度和愉悦体验。因此，智能网联汽车不是简单的车辆智能化，还需要融合网络技术，将车、人、路联结起来，实现车与车、车与人、车与路之间的智能联结。

过去，我们更多地关注车辆的智能化，即智能驾驶。从 1989 年第一台自动驾驶汽车上路到今天，随着技术的更迭，人类对自动驾驶的探索从未停止。根据国际自动机工程师学会对汽车的智能化水平的分类，智能汽车可以分为 5 个层级，即驾驶辅助、部分自动驾驶、有条件自动驾驶、高度自动驾驶和完全自动驾驶。目前，前两级的技术基本成熟，并且已经进入了市场，三级智能驾驶技术也已经进入运行和测试阶段。未来，随着汽车智能化水平的提升，驾驶者的手、眼将逐步解放，这对有"本"但不敢上路的人来

说将是一个不错的消息。

聪明的汽车只有行驶在匹配的"智能"的公路上实现车路协同，才能发挥最大功能，即"聪明的车"加"智慧的路"。以一个交通路况复杂的路口为例，人类司机和自动驾驶车的车载传感器由于视角和视线的局限，都只能感知到路况信息的一部分，那些看不到的障碍物造成了危险隐患。如果车路协同配备了"完美视角"的路侧感知设备，利用高清摄像头等多种传感器加上人工智能的计算识别能力，就可以感知到路口范围内全部的交通参与方，并实现多种分析功能，把这些信息通过实时通信共享给路口的全部车辆，即可最大限度消除危险隐患。城市道路的智能化能够更精确、更快速地进行交通预测，实现更加精细的城市交通管理，大大提升城市交通的管理水平和效率。

当前，人工智能已经成为关键技术被广泛应用到各行各业，交通领域的智能化趋势也在加速，"聪明的车"和"智慧的路"正加快步伐走向现实，未来道路上只有自动驾驶的汽车没有了司机的情景也离我们越来越近。

小 贴 士

聪明的汽车、智慧的道路如今正在进入我们的生活，不少城市已经向公众开放了无人驾驶体验。例如：在北京石景山首钢园，公众可通过百度自动驾驶出行服务平台 Apollo GO 进行约车体验；在深圳市福田区，公众可通过微信公众号"元戎启行DeepRoute"申请乘车邀请码，收到邀请码后用小程序"元启行"下单，体验自动驾驶汽车 RoboTaxi 的出行服务。

26 购物网站推送的怎么都是自己喜欢的东西

场景

许阿姨跟张阿姨开心地分享着购物车里的"战果"。许阿姨说:"你有没有发现有时候你看了一样商品,下回再上购物网站或者其他网站,这些网站都会自动推送类似商品?"张阿姨点点头说:"对,好像网站知道你想要什么似的,可神奇了。不知道网站是怎么知道的?"

你有没有感觉到自己被监视了?比如,你刚在某购物网站上看到一件商品,因为各种原因,仅仅是放到购物车里却没有付款,随后你的各个娱乐软件里都会给你推送这件商品或是相似品类的商品——你刷抖音会出现、看头条会出现、玩微博会出现……总之相关产品会无时无刻出现在你的视线里,提醒你赶紧付款买它。而且,当你在某电商网站上购买了某件商品后，该网站就会持续向你推荐相关商品，或者是在你下次购买类似商品的时候，提示你某件商品你以前购买过，现在降价了。这是怎么回事儿呢？这其实是电商利用人工智能分析你的购买喜好，对你进行智能营销。那么，什么是智能营销？

人工智能营销是一种利用客户数据和人工智能技术预测客户下一步行动并改善客户消费的方法。简单地说，就是人工智能、大数据和营销相互融合，通过互联网技术，在每一次广告投放前，判断用户的画像（性别、年龄、兴趣等标签）及其所处的环境属性（地理位置、当前浏览网站、环境等标签），并依此投放广告，刺激用户消费。被人工智能赋能的营销将变得更加聪明，能够轻松读懂消费者的心思、需求，实现与消费者的互动。

那么，人工智能是如何了解你的消费习惯，并进行精准营销的呢？数据是智能营销的基础，人工智能是如何获取数据的呢？这得益于信息化。随着信息化的飞速发展，电子商务增长显著，形式多样，用户借助各种各样的信息化手段进行消费行为，包括通话、微信小程序、平台购物、网站浏览等。用户消费行为必然会在信息通道留下数据和痕迹。人工智能正是利用这些数据来分析客户的消费习惯，为客户提供个性化的服务。精准投放是智能营销的核心。通过人工智能技术，平台可以根据用户搜索的关键字，快速识别用户查询意图，并推荐其所需要的商品，还可以通过用户的历史订单，实现点对点的推荐，智能化为用户推荐其可能需要的产品。

随着 5G 时代的到来，更多的数据被获得，人工智能将得到更多的训练，而被人工智能赋能的营销也将变得更聪明，迎来更广阔的空间。

小 贴 士

　　智能营销是营销推广的精准化手段之一，既然是营销，就必然有一定的商业目的。因此，面对智能营销，老年朋友还是应该保持理性，谨慎消费。

27 智能试衣、试妆让你更时尚

王阿姨要参加一个演出，想买件连衣裙当演出服，但她最近都在刻苦排练没有时间到商场试穿，女儿看出了妈妈的焦虑，说："别着急，网上商城的款式多、价格也合适，咱们可以上网买。"王阿姨说："那我没有试怎么知道穿着合适吗？"女儿说："网上试衣间可以帮你挑选，只要输入您的三围尺寸，上传您的照片，您就可以免费试穿看效果了，系统还会根据您的特点和需求为您推荐呢，咱们赶紧试试吧。"王阿姨一听开心极了，赶紧让女儿帮忙，体验了一回在线试衣。别说，效果挺好，王阿姨很快就买到了合适的裙子。

　　你是否有为了挑选一件合适的衣服逛遍商场的经历，想上身试衣但试衣间外排着长长的队伍，想网上购物却又担心尺码不合适退货麻烦……这些购物时的痛点，如今都可以用智能试衣来解决。不少品牌和平台都已经推出了智能试衣服务，消费者可以轻轻松松买到自己心仪的服装。

　　智能试衣融合了增强现实、体感技术、大数据、人工智能等科技元素，只需要一面看似普通的智能试衣镜或一个试衣 App 就可以实现。以智能试衣镜为例，用户只需要站在智能试衣镜前，智能试衣镜的摄像头会扫描用户，精确计算出肩宽、胸围、腰围、臀围、腿长等数据，为用户推荐适合的尺码，并通过镜面把用户选择的衣服精准地"穿在"顾客身上。智能试衣镜还能跟随用户移动调整展示效果，当他们转身想看背面效果时，智能试衣镜会进行识别将影像呈现出来。用户还能够通过简单的手势完成各种换装，选择最适合自己的服装款式和颜色。同时，智能试衣镜还可以为用户推荐发型、配饰、穿搭，更全面地展示试衣效果。

　　智能试衣有哪些优势呢？首先，智能试衣让试穿变得更加便捷，运用智能试衣可以快速测量出用户的各项数据，为用户选择合适的尺码，让用户随心所欲地尝试多款服装造型。其次，用户可以便捷地向朋友分享自己的试衣效果，让朋友为自己"参谋"，或为朋友推荐。此外，智能试衣还可以从不同维度为用户进行"画像"，并基于商品特点、用户的偏好，通过强大的人工智能算法，为用户推荐其他相关商品，甚至是跨品类推荐，提供一站式解决方案。

智能试衣不仅能让消费者体会到购物的乐趣与便利，引导其更快速地购买到适合自己的商品，还能让商家准确了解消费者诉求，提升产品曝光率、加购率、转化率以及消费者停留时间。智能试衣不但能提供全方位的一站式解决方案，还能支持顾客的定制化需求。

除了智能试衣之外，智能试妆也已走进我们的生活。随着 5G 技术和 AR 技术的发展，未来这种试衣、试妆的方式完全可以变成一种云服务，我们只要有一台带摄像头和屏幕的设备，就能体验这种便捷的服务，让我们更近距离地接触时尚，享受时尚的老年生活。

28 和你说话的客服是真人还是机器人

场景

　　秦阿姨在网上购买了一台抽油烟机，刚收到货就接到了客服电话："您好，您有一笔在 XX 平台购买的订单，应该是抽油烟机，请问您需要我们上门来安装吗？"秦阿姨按照电话里温柔的女声提示预约了第二天下午的上门安装。老伴问秦阿姨："跟你打电话的是机器人吗？"秦阿姨说："一开始我觉得是机器人，可那姑娘跟我有问有答，还真帮我预约上了，我有点不确定了。"

　　如今，人工智能客服已经随处可见，无论你是查询银行卡余额、手机话费，还是使用各类网站、软件遇到问题时进行咨询，或是购买各类商品进行售前、售后服务，基本上都是由人工智能客服先负责接待。

人工智能客服能够 24 小时在线，并且能同时为不同客户解决问题，极大地解决了企业的人工客服成本，而且工作效率也比传统的人工客服要高出很多。那么，你了解人工智能客服系统吗？

目前，人工智能客服系统中最主要的应用是自然语言识别技术和自主学习技术，用以解决一些碎片化、简单的、重复的客户需求。因为不同客户之间经常重复咨询一些简单的问题，并且咨询的时间通常是不固定的、碎片化的，人工智能客服的出现满足了客户随时提问的需求，也避免了人工客服因回答重复问题而浪费不必要的时间。

人工智能客服的发展大概经历了 4 个阶段：最初的人工智能客服是比较"傻"的，只能提供单个关键词的匹配；慢慢地，人工智能客服发展到可以进行多个关键词匹配，具备了模糊查询的功能；而后，人工智能客服不仅可以通过关键词匹配，还有了一定的搜索功能；现在，人工智能客服依托神经网络技术，已经能够通过深度学习理解用户的意图，并且部分人工智能客服还有了一些扩展能力，能够通过网络接口搜索资源，如快递查询等。

人工智能客服是如何为我们服务的？首先，我们要通过文本或语音输入的方式来描述自己所遇到的问题。然后，人工智能客服通过算法模型进行解析，匹配到知识库中相似度最高的问题，并将答案输出，展示给我们。这个过程基本上能解决我们所要咨询的一些简单问题。

既然有了人工智能客服，那么传统的人工客服会被取代吗？从目前的发展来看，人工智能客服有时仍显得并不那么智能，理解能力不够，听不懂人话，而且流程比较烦琐，有时浪费了大量的时间却找不到解决问题的方案。此外，一些领域也是人工智能客服暂时无法完全替代的，如电话客服，需要较快的应变能力和语言理解能力。就目前的技术来看，最完美的服务形式应该是人机融合，而非完全取代。

29 人工智能如何帮助你进行养老金理财

随着我国步入老龄化社会，养老金理财需求日益增加。养老金作为老年人退休后生活的保障金，其理老张准备拿着积攒的养老金和退休金买点理财产品，可是看着琳琅满目的理财产品犯难了，面对五花八门的条款和收益率，该怎么选呢？老张想："有没有什么办法能根据我的需求自动帮我配置理财产品呢？"

财目标主要是避免资产贬值的风险。同时，老年人的身体可能随时出现状况，有看病就医的需求，需要保障部分资金的流动性，所以老年人更适合购买一些短期、操作简易的理财产品。随着金融服务的智能化快速发展，"无现金时代"给人们的生活带来了诸多便利，我们应如何运用好人工智能为老年人服务呢？人工智能能给老年人养老金理财带来什么呢？

事实上，人工智能理财早已出现并应用。最开始出现的是基于人工智能的储蓄和预算 App。这些 App 可以帮助老年人记录其赚了多少钱，花了多少钱，钱都花在了哪些地方，花的钱哪些是必要的、哪些是非必要的，App 还可以为老年人提出不同的分配资金建议。随后，一些公司推出了以人工智能驱动的个人助手，帮助老年人更简便地理财。从支付账单到在线账户管理，个人助手在一定程度上增加了老年人财产管理的便利，而且通常比人更能做出一致性的建议。此后，又有一些公司开始向"机器人咨询"或"机器人交易"进军，利用人工智能算法进行股票的智能挑选或交易，并随着时间的推移重新平衡老年人的投资组合。

用人工智能进行养老金理财有哪些优势呢？首先，人工智能可以让我们的理财决策更客观，实现安全稳健的理财目标。在理财的过程中，无论是我们普通人还是专业的理财经理，都很容易受到情绪或者个人偏见的影响，很容易发生逐利行为或操作偏差，而人工智能算法不会受到人类情感影响，更能保障理财决策的长期性、客观性，实现养老金这笔特殊资金的安全稳健的理财目标。其次，人工智能可以提供跨越生命周期的投资管理服务。一般金融服务机构，由于投资服务人员的流动、升迁等原因，很难提供一个专门的、固定的人员为老年人进行"一对一"的服务。相比而言，人工智能可以跨越时空局限，为老年人提供长期跟踪、动态更新和持续服务。再次，人工智能具有超强的数据处理能力，可以为老年人提供定制化的养老金投资方案。机器可以收集、分析和理解更多的数据，它能完成的量级不是人类所能做到的。人工智能可以将老年人的年龄、性别、地域、财务状况与投资目标等进行综合分析，并通过长期跟踪和评估个人的健康信息、消费轨迹甚至保险记录等数据，结合全球经济及资本市场的实时情况，为老年人提供智能化、定制化、最优化的养老金投资方案。此外，养老金作为对安全性要求较高的长期资产，其风险的识别和管控能力尤为重要，人工智能能够给予全覆盖的安全防护：利用大数据整合不同来源的金融信息，主动发现投资风险，弥补老年人对复杂的高风险产品的认知障碍，从而确保养老金安全投资。

小 贴 士

虽然人工智能在一定程度上能够帮助老年人进行养老金理财，但是理财有风险，投资需谨慎。老年人在进行人工智能理财时，还是要多和家人商量，特别是多和年轻的子女沟通，规避高收益陷阱，确保养老金理财的安全性。

30 失能老人的智能"保姆"和辅具

场景

前不久老季中风偏瘫了，看着行动不便的自己干什么都需要人照顾，老季的情绪很低落，觉得自己成为老伴和子女的负担。从事人工智能无障碍辅助技术开发的邻居小李听说后，宽慰老季说："别担心，现在人工智能运用越来越广泛，都能帮助残疾人重新站起来了，您只是偏瘫，肯定会有解决办法的。"人工智能真的可以帮助失能老人吗？

随着科技发展，越来越多的技术被应用于生活，与此同时许多公司将目光投向失能人士，借助科技力量帮助他们融入社会。以视觉障碍为例，相关智能交互辅具能通过智能理解、感知和推理来填补视障人士与智能设备之间的交互语义鸿沟，提升信息无障碍交互的可用性。例如，利用带盲文显示器或语音交互功能的电脑，视障人士可以自主上网查"阅"资料，自由地学习、探索。同时，视觉无障碍智能键盘、快速功能访问、免唤醒语音输入等一系列技术的应用也为视障人士融入社会提供了帮助。

2018年11月18日，电视综艺节目《加油！向未来》播出了一位右手安装假肢的女孩林安露，通过意念控制假肢与钢琴大师郎朗表演钢琴合奏。意念操作假肢弹奏钢琴，这得益于"脑机接口"技术的发展。"脑机接口"技术自20世纪70年代诞生以来，经过近半个世纪的发展，如今已能实时捕捉大脑活动产生的复杂神经信号，人脑通过思维来控制外部物体不再是幻想。所谓脑机接口技术，就是通过采集大脑皮层神经系统活动所产生的脑电信号，经过放大、滤波等方法，将其转化为可以被计算机识别的信号，从中辨别人的真实意图。也就是说，如果人脑想执行某个操作，通过"脑机接口"技术，可以让外部设备读懂大脑神经信号，然后将这些神经信号转换为指令，从而让人脑直接来操控外部设备。

近年来，一系列运用语音识别、视觉识别、眼球识别、姿态感知技术等的智能辅具和智能产品得到了商业化应用，为视觉、听觉、感知、行动能力受限的人群提供一个良好的学习、工作和生活环境，帮助他们无障碍地面对生活、与人沟通，使他们的生活更加便利、多彩。

对失能老人的关怀是社会文明的体现，随着人工智能、物联网、大数据等高科技的快速发展，涌现出很多智能辅助装置，如可穿戴式生命体征监测、个人卫生护理机器人、智能翻身床、压力传感防褥疮翻身床等养老科技产品，在辅助失能老人方面都发挥了巨大作用，既体现了科技的进步与创新，也体现了科技的温度与人文关怀。

小 贴 士

目前，智能辅具品类繁多，功能各不相同，且推陈出新速度较快，有需求的家庭或个人应当参考失能老人的真实需求，购买最合适的产品。此外，智能辅具的入门需要一个学习过程和熟练过程。家人应当在老年人使用智能辅具的过程中提供帮助，让失能老人能够更好地享受科技带来的便利。

三

更智慧更便捷的未来

31 人脸识别技术让寻亲路不再漫长

老王最近看见一条新闻，讲的是警方依靠人脸识别技术找到了4名已经丢失了10年的孩子。老王心想，过去只听说通过DNA信息库找到失踪儿童，因为DNA信息是不会随着时间变化的。这些孩子从小就被拐卖了，这么长时间过去了，长相都发生了很大变化，人脸识别是怎么找到他们的呢？

对一个普通家庭来说，亲人的失踪往往带来的是巨大的打击和痛苦。我国人口众多，人口流动速度也较快，如果想在人群中找到自己失散的亲人犹如大海捞针，十分复杂艰巨。然而，随着人工智能的逐步发展，将人工智能技术中的人脸识别技术应用到寻回失踪人口上，能够大大提升失踪人口匹配的效率，是科技普惠人类的重要体现。

过去，寻找失踪儿童主要通过采集血样、提取DNA、到基因库中进行比对。但是，这种方式的限制在于不是每个人都会进行血样采集，很多失踪的儿童自己都不知道自己是被拐卖的，更不会主动进行血样采集。而且，血样采集的过程比较烦琐，需要医务人员进行采集。运用人工智能人脸识别技术，通过人脸扫描、入库，再将失踪人员的信息放入云端数据库中进行人脸比对，每秒可以实现上万次的数据对比，挑选出相似的人脸信息再进入精准验证环节。这样的方式可以大大缩减人力成本，提高搜寻的工作效率。更重要的是，前期的人脸采集工作相对简单，更容易被大众所接受。比如，一些市民会在街道上看到疑似拐卖的事件，但又怕是别人的家事而不敢管。即便是网站或媒体已发布的寻人信息，不同的区域、不同的人群还是很难及时地获得信息，从而错失寻找的机会。通过这项技术，市民可以用自己的手机拍下含人脸信息的照片，实时在后台进行系统比对，降低了寻找失踪儿童的操作难度。

但是，你千万别以为这是一件容易的事，其实里面困难重重。这些孩子丢失的时候都非常小，家长也只有孩子少量的幼儿时期的照片。人脸识别系统只能通过幼儿时期的照片来比对寻找已经长大的孩子。跨年龄段识别本身就是学术界的一大难题，年龄跨度越大，难度也越大。失踪儿童失踪时间往往都超过 10 年，这对算法、模型和数据来说都是极大的挑战。

2017 年 1 月，在综艺节目《最强大脑》上，人工智能面部识别机器人小度就展示了"跨年龄人脸识别"的可靠性。人工智能人脸识别技术主要靠从人脸的照片上提取该人的面部特征，包括眼睛、鼻子、眉毛和脸型轮廓等，再对其他照片挨个进行对比，通过相似度评估分数，推算出分数最高的也就是匹配度最高的人。当然，这个比对的过程离不开算法的支持。人工智能通过大量可供学习的人脸样本，采用深度神经网络算法，经过成千上万次的模型训练来学习这些人脸在成长过程中的复杂变化，以此提高匹配准确率。2019 年，百度公司宣布实施两年的"人工智能寻人服务"（机器人小度）已升级，能够做到更精确地捕获亲人画像，也希望能够帮助更多的失散家庭寻回亲人。

延伸阅读

人工智能、大数据等技术除了能帮助寻亲以外，还能帮助公安部门抓捕逃犯，提高抓捕效率。以人脸识别为例，通过预先录入在逃人员的图像信息，当逃犯出现在警方的布控范围内，摄像头能及时捕捉到逃犯的面部信息，通过与后端数据库进行比对、匹配、确认，系统会发出警告信息，执法人员快速出动，就能一举将逃犯拿下。除了人脸识别以外，指纹识别、声纹识别等智能生物识别技术也能在海量目标中快速、精准地锁定嫌疑人，让逃犯无处藏身。通过将犯罪现场捕捉到的声音与警方构建的声音数据库进行比对，识别嫌疑人独特的"声纹"，当嫌疑人的声音再次出现，警方便可轻松锁定。此外，声纹识别技术还可以应用于重点场所在逃人员的布控布防。在车站、机场、码头、酒店等公共安检点和关键卡口，或在通信系统或安全监测系统中嵌入声纹识别技术，通过声纹生物特征与语音内容的双因子识别，可以有效对涉暴、涉恐、涉毒等重点人员进行鉴别和提示警报，通过通信跟踪和声纹辨别技术进行侦查和追捕。

32 相亲软件能帮孩子找到对象吗

李阿姨的儿子 30 多岁了，由于工作忙，一直没有找对象，这可急坏李阿姨了。于是，李阿姨经常看婚恋节目，每次看到单身的男女在茫茫人海中艰难地找寻自己的另一半，就在想人工智能发展得这么迅速，在其他行业也有了突破性的进展，能不能在为子女相亲时起到一些帮助呢？

互联网时代，人与人的相处模式和生活节奏与过去已经截然不同，人们的思想也有了巨大的改变。吸引人精力和眼球的事情也越来越多，游戏、影视等一系列有趣的东西占据了现代人很多的时间，越来越多的人选择晚婚，长时间的"空窗"归根结底还是因为很难遇到合适的人。更高效率地寻找合适的配偶也成为大家的愿望。人工智能是否能帮助单身男女更高效地筛选出合适的交往对象呢？

　　曾有一段时间，相亲匹配软件非常火爆，不少婚恋平台都推出过自己的智能匹配系统，号称可以根据用户输入的年龄、住址、年薪、兴趣、消费习惯等数据来进行速配，但这种速配的方式非常粗糙，匹配的结果往往与对另一半的设想相去甚远。

　　有新闻曾报道过日本研发的人工智能婚配系统。这是一个由政府牵头为解决日本老龄化和少子化的现实社会问题而开展的项目。其中一个试点地区在日本的埼玉县，自 2018 年引入"邂逅支援中心"后共促成了 69 对婚姻，其中的 33 对都是通过人工智能婚配系统找到另一半的。因此，日本政府准备继续推进这个项目，并在日本国内推用这个人工智能婚配系统。这个人工智能婚配系统只需要采集个人信息、求偶条件信息、价值观测试等，其最大的特点在于它会做一个人员的价值观测试，然后以这个测试报告为基础衡量出一个人的价值观，然后去匹配三观相符的另一半。区别于普通的婚恋网站只匹配薪水、身高、学历等一些外在条件，这个系统将两个人在长期交往中才能体现出来的兴趣、价值观纳入算法模型当中，优先进行考虑，这样可以让适婚男女找到性格更合适、相处起来也能更加融洽的另一半。但是，这样的设计依然有缺陷，当遇到一些精心伪装过的骗子或者会营造人设的人，还是难以辨别。不过，经过不断地训练，人工智能婚配系统的精准性将逐渐提高，能让适婚男女更容易找到相处融洽、性格合适的人，从而节约大量的沟通成本。

除了智能婚配系统，人工智能还被应用到婚姻关系调节中。已经有研究人员开发出了能够使用语音模式以及可穿戴设备、智能手机中的生理、声学和语言数据，来检测夫妻之间冲突的人工智能系统。通过人工智能技术的辅助，系统可以识别并追踪夫妻双方心

小 贴 士

人类的思想远比人工智能能匹配的方面复杂得多，无论匹配到多么契合的灵魂，在一段感情或者婚姻中也难免会发生冲突。虽然人工智能在实现每个人美好的感情上可以助力，但它毕竟只是工具，不能一劳永逸地解决所有的问题，美好的感情或婚姻需要双方共同努力。

率、音调、语言的变化，及时预测并且提供干预。比如，因为争议身体已经有了明显变化的一方，特征会被人工智能捕捉到，在手机上可能收到提示短信，告诉他/她冲突迫在眉睫，应该暂停对话并花10分钟进行冥想等。

33 智能设备让养老更便利

近年来，智能家居作为一股潮流在年轻消费群体中获得一大批忠实用户。扫地机器人、智能门锁、智能开关、智能音响等智能单品在年轻家庭已屡见不鲜。谈到智能家居，大家往往想到的是年轻、潮流，鲜少有人将智能家居与养老需求联系起来。

事实上，现代社会生活节奏快、生活压力大，年轻人很难时刻陪伴在父母身边，而国内养老机构发展还不成熟。借助一些智能家居设备，让老年人在智能家居生活场景中提高体验感、提升生活便利度，是我国步入老龄化社会解决居家养老问题的重要手段。

场景

　　老陈和老伴独立居住，最近老陈感觉记忆力明显衰退，好几次出门都忘带钥匙了。邻居老李听说此事后，建议老陈换个智能门锁，用指纹或者密码就能开门，再也不要担心忘带钥匙了。老李还告诉老陈，自己听孩子说这几年智能设备发展迅速，很快能实现智能家居了，到时候生活会更加便利，老年人独立生活也不怕。老陈不禁好奇：智能家居是什么？它如何为老年人的生活提供便利？

　　众所周知，老年人随着年龄的不断增长，行动能力与视觉、听觉能力等都逐渐下降。借助智能设备如一些穿戴设备，或者智能家居设备如智能门锁、智能照明等，提升老年人的生活便利度，在减轻对家人依赖的同时，也可以让老年人的生活更安全、智慧和舒适，这也是大部分年轻人给长辈购买智能家居产品时所关注的重点。

　　随着科技的发展和物联网时代的来临，智能家居助力养老已经在快速发展和普及。例如，对很多经常独自在家或者外出的老人来说，一旦遇到身体不适、意外跌倒等危急状况，如果老人随身携带一个智能物联的紧急报警按钮，只需要在还有意识的情况下轻轻按下，就能及时通知家人或者相关人员前来营救。又如，老年人做饭后容易忘记关闭煤气阀，如果有了智能家居，就可以联动"关阀机械手""自动推窗装置"和智能抽油烟机等智能设备，及时通风排气、通知子女，防止因一时疏忽而造成煤气中毒。再如，现在流

小 贴 士

随着我国老龄化人口增加，养老问题受到越来越多人的关注。不仅是技术高深的智能家居，一些很简单的智能小设备也可以为老年人提供便利。例如，智能感应小夜灯可以自动感应照明，消除了老年人起夜时摸黑找开关的烦恼，使用后灯光还能自动熄灭，十分方便。我们不妨从这样的智能小物件开始，让家居环境更加智能，体验智能带来的舒适便捷。

行的智能门锁，除了基本的密码指纹解锁外，还可连接自动报警装置，当遇到暴力拆卸时会自动报警，这样可以有效防止窃贼入侵。

34 陪护机器人如何陪伴老年生活

场景

最近几年，张阿姨一直过着独居生活。因为腿脚越来越不方便，张阿姨不能经常外出，也不能和邻居聊天，张阿姨感到非常孤独。一天，女儿去探望母亲，带来了一个新帮手——一只专为老年人设计的机器猫。这只机器猫乖巧可爱，不仅能像猫一样发出"喵呜喵呜"的声音，还能陪主人聊天唱歌。每当张阿姨不开心的时候，机器猫就会陪在她身边，逗她开心。机器猫成了张阿姨亲密可靠的小伙伴。

陪护机器人在老年人的生活中可以满足情感需求和提供日常照料，而不断加速的人口老龄化也加快了陪护机器人的兴起。预计到 2050 年，我国每 4 个人中就有一位是 65 岁以上的老年人，与此同时，处在劳动年龄的年轻人口却在不断减少。因此，对陪护机器人的需求将大大增加。

陪护机器人的形态各异，功能多样。家庭小护士机器人会提醒老年人按时吃药、休息和散步，还会进行简单的对话，如询问"你感觉不舒服吗？""需要我打电话给医生吗？"护士机器人还有自动拨打报警或急救电话的功能，并配有显示屏和摄像头，老年人可以通过视频同医生或者家人对话，不仅帮助了老人，也减轻了家人的看护负担。

一些陪护机器人被设计成了宠物的模样。它的尾巴能够探测周围的环境，并做出回应。当你像摸宠物一样抚摸它时，它就会像宠物那样微微摇摆它的尾巴。如果你为它"挠痒痒"，它的尾巴就会加速摇摆，跟宠物一样传递开心的情绪。当在安静的时候听到突如其来的声音，如闹钟、敲门声，它的尾巴还会惊讶地竖起来。宠物机器人为老年人带来了心灵的安慰，尤其是当子女不在身边的时候。

　　2016 年 5 月，杭州市社会福利中心引进了 5 个名为"阿铁"的机器人"保姆"，将"机器人养老"从概念变为现实。"阿铁"身高 0.8 米，质量为 15 千克，充满电后可待机 72 小时，管理人员可以通过手机客户端或机器人外壳的触摸屏指挥机器人为老年人提供服务。它具有智能看护、亲情互动、远程医疗等多种智慧养老服务功能，还能化身可移动电视，给老年人解闷。

目前，护理机器人还不能像人类那样理解"看到的""听到的"和"感知到的"事物，只能从事一些简单的护理工作，进行一些简单的语言交流。随着跨媒体智能技术的发展，未来的护理机器人可以更好地理解图片、视频、文字、声音的复杂含义，甚至可以理解人类的动作和表情。那时，护理机器人将给老年人带来更加体贴、细致的陪伴体验。

35 机器将来会比人类还聪明吗

场景

老陈看到电视里正在介绍人工智能，看到人工智能在不同场景里帮助人们解决各种各样的问题，感慨人工智能厉害的同时，不禁有点担忧："人工智能可以自己学习，将来会超越人类吗？"

随着人工智能的不断发展，许多人开始思考这样一些问题：人类会不会创造出比人还要聪明的机器，计算机或机器人是否会取代人类的工作，人工智能未来是否会在地球上占主导地位。

英国剑桥大学的专家认为，20 年后，39% 的人类将因工作被机器取代而失业。未来学家认为，到 2040 年，全球一半的工作岗位将由机器人承担。这种预测的确具有一定现实性，因为许多人类的工作正在受到人工智能的冲击。从功能简单的扫地机器人、快递机器人、送餐机器人，到更为复杂的自动驾驶、证券投资、医学临床决策，越来越多的人工智能出现在我们身边。根据专家的描述，未来可能是这样一幅生活场景：保姆将被陪伴型机器人取代，巡逻警察被巡逻机器人代替，生产线上不见人影而只有机器手臂。

许多人类学家认为，艺术是人类对精神世界的阐释，是人区别于动物的特质。然而，2016 年"谷歌大脑"团队发布了一项成果，他们研发的人工智能"画家"，不仅可以"创作"多种风格的绘画，还可以制作视频。"月色清明似水天，一枝孤映小窗前。夜深不用吹长笛，自有寒声到枕边。"这是一首以"孤月"为题的七言绝句。你能想到这样一首格律工整、言之有物、切合主题的绝句诗，是人工智能在 0.4 秒的时间内生成的吗？当人工智能开始从事诗歌、绘画的创作，那么艺术还是人类独有的天赋吗？

事实上，到目前为止，人类所创造的所有的人工智能仍然属于"弱人工智能"的范畴。弱人工智能不能像人类一样思考，没有独立的意识，只能在一些特定的领域完成某个特定的任务。例如，"阿尔法狗"擅长围棋，可以战胜世界围棋冠军，但换成写作文，它比不上一名小学生。只有当人工智能像人类一样聪明，才能被称为"强人工智能"或者"通用人工智能"。强人工智能在智力上接近人类或超过人类，具有知觉和独立的意识，能够像人类一样思考、计划、解决问题、抽象思维、理解复杂理念、快速学习等，几乎能够胜任所有的人类工作。

目前，对于"人类能否创造出强人工智能"这一问题，没有人能给出确切的回答。一种观点认为，人类的思维是多元的，除了逻辑思维之外，还有形象思维、直觉思维、顿悟等，而机器难以超越人类的思维。国际人工智能联合会前主席、英国牛津大学计算机系主任伍德里奇曾说过，强人工智能的研究"几乎没有进展"。另一种观点则认为，强人工智能将在未来几十年内出现。牛津大学哲学系教授、人类未来研究院创始人波斯特洛姆认为，虽然未来"智能爆发"只是一种可能，但是人类需要做好准备。

36 未来的机器人会有情感吗

场景　张阿姨的女儿送给她一个会聊天的机器人，每天和机器人对话使张阿姨心情愉悦。可是，张阿姨有个疑惑："机器人和我聊天明白我的喜怒哀乐吗？与它朝夕相处它会把我当成它的好朋友吗？它是否有人类一样的情感呢？"

俄语中有一句谚语：当遇见一个人时，我们根据穿着来判断他；当他离开时，我们根据感觉来记住他。人们也许会忘记你说过什么、做过什么，但往往会记得你带给他们的感觉——这种感觉就是人的情感。人类是地球上最具情感的动物。可以说，几乎人类的一切活动，如抚育子女、工作娱乐、学习成长、社交往来等，都会受到情感的影响。

情感对人类如此重要，那么日益深入人类生活的智能机器会理解人的情感吗？机器本身会产生情感吗？1995年，美国麻省理工学院教授皮卡德发表了一篇题为《情感计算》的文章，开启了情感人工智能的研究。麻省理工学院还成立了情感计算研究小组，这个研究小组的目标是让机器理解、复制和模拟人类的情感。

也许你会好奇，如果一块智能腕表可以识别人类情感，那么它能带来什么呢？美国麻省理工学院的一个研究小组开发了一款应用程序，这款程序通过一块智能腕表来监测人的心跳，然后通过心跳节奏来判断他们是否正在经受压力、痛苦或者沮丧等负面的情绪。因此，这款智能腕表可以用于压力控制、心理健康和自闭症的治疗。此外，对人类情感的监测还可以用来防止车祸，促使学生集中注意力，以及改善社交互动等。

如今，许多电商开通了虚拟客服。作为消费者，你愿意和"机器味"十足的虚拟客服对话呢，还是愿意和富有感情的人工客服沟通呢？想必大多数人都会选择人工客服吧。可是，如果你面对的虚拟客服能够模拟人的情感呢？

京东商城客户服务成都分中心每天要处理近百万个的客户咨询，其中 90% 的咨询由人工智能客服来完成。与其他智能客服系统不同，京东的智能客服具备超强"情商"，能够充分感知用户 7 种情绪表现，并予以有温度的反馈，大幅提升了用户的使用体验和满意度。

目前，情感人工智能的发展仍然存在许多挑战。现有的情感人工智能主要根据"剧本"来做出反应，自身并没有智能。因此，这些情感机器人只能用于很窄的领域，如虚拟客服、情感伴侣等。想要创造能完全理解人的情感、能像人类那样自然交流的机器人，依然有很长的路要走。

37 手术机器人靠谱吗

场景

　　张阿姨需要做一个手术，王医生向她介绍了手术中需要使用的手术机器人。张阿姨有点担心："手术机器人靠谱吗？会不会不安全？"王医生说："这台手术机器人是人工智能的最新成果，出刀又快又准又稳，和有几十年经验的老专家相比毫不逊色，是很安全的。"结果，张阿姨的手术非常成功。

　　大到工业流水线，小到点餐传菜，机器人如今已经融入了我们的生活和工作中。在医疗界，也有这样一种机器人，在手术台上大放异彩。它就是美国直觉外科公司研发的达·芬奇手术机器人。1987年，美国斯坦福研究院开发出了一套"远程手术系统"，医生通过这套系统可以远程指导，为战场上的士兵做手术，这套系统为后来达·芬奇手术机器人的诞生提供了很多启示。自 1996 年第一代达·芬奇手术机器人问世以来，达·芬奇手术机器人已发展到了第五代。

达·芬奇手术机器人代表着当今手术机器人的最高水平，它有 3 个关键核心部件：灵活的机器手臂、3D 高清摄像头、外科医生操作的控制台。达·芬奇手术机器人的机械手臂可以模拟人手的各种操作，动作灵活，体积小巧，比人手操作更加精确。外科医生经过长时间的手术难免疲劳，可能会发生手抖现象，而机器手臂不存在疲劳问题，可以长时间保持稳定，从而极大程度地提高了手术的安全性。达·芬奇手术机器人的高清摄像头不仅能观察肌肉骨骼的微小细节，还能实时监控每一个手术环节。控制台里的计算机系统全程指挥手术，规划手术"路径"，必要的时候医生还可以通过控制台远距离操作机械手臂，实现精细的手术操作。

达·芬奇手术机器人是为帮助外科医生进行微创手术而设计的，目前已经广泛用于腹部外科、泌尿外科、妇产科以及心血管外科手术。截至目前，美国 50 个州和全世界 67 个国家安装和使用了达·芬奇手术机器人，由它"主刀"的手术超过 850 万台。

除了引进达·芬奇手术机器人之外，我国还自主研发了全球首台骨全科手术机器人"天玑"。"天玑"骨科手术机器人系统由机械臂主机、光学跟踪系统、主控台车构成。其中，光学跟踪系统就像机器人的"透视眼"，不仅能够透视肌肉和骨骼的深处，还能实时监控每一个手术环节；机械臂就是机器人的"稳定手"，运动灵活、操作稳定，能达到亚毫米的精度；主控电脑系统就等于机器人的大脑，智能传达着医生的想法给以上两个设备，帮助医生进行"路径规划"，还能跟踪患者术中的移动，机器人手臂位置自动补偿，保障手术路径与计划路径一致。"天玑"拥有的"透视眼"可以让手术实现微创，减轻患者的痛苦。一台腰椎内固定手术，只需要人类医师 2/3 的时间即可完成。

延伸阅读

手术机器人离不开智能无人系统。智能无人系统是综合了控制论、信息论、人工智能、仿生学、神经生理学和计算机科学的复杂系统。智能无人系统的最高目标是把机器人的智商提高到接近人类的水平，从而实现无人化操作。智能无人系统率先应用在交通领域，如无人机、自动驾驶、无人电车。未来，智能无人系统还将在教育、娱乐、消费、清洁、接待等服务领域实现大规模应用。

38 个人信息会被人工智能盗取吗

场景

  王阿姨发现楼下设了一个无人超市，只需要"刷脸"就可以支付。王阿姨体验了一下无人超市这种新型购物方式，觉得挺方便的。但是，她也因此有了新的担心：刷脸支付安全吗？会不会被别人盗取信息用于诈骗等违法活动？

  近年来，人工智能的飞速发展为人们带来便利的同时，也引发了社会对个人信息泄露的担忧。在人工智能时代，海量的数据是人工智能迭代升级不可缺少的"粮草"，难免需要获取大量的隐私信息。借助获取的信息，人工智能技术可以对用户精准"画像"，但是，一旦隐私信息被非法采集或者滥用，很可能危害用户的人身和财产安全。

许多手机应用存在过度获取用户信息的情况。例如，有的应用要求用户提供通讯录、照片库、短信等，如果用户拒绝披露这些隐私信息，就不能使用这个应用。然而，程序的运营者是否具备保障用户信息安全的资质和能力，用户的这些信息会不会被滥用，普通公众往往难以知晓。目前，可以采集哪些个人信息，谁来承担信息的保护责任，如何使用、处理和销毁信息，以及如何保护虹膜、人脸、指纹等个人生物特征信息等，这一系列关于个人信息保护的问题，我国现行法律都尚未做出明确规定。

值得期待的好消息是，保护个人信息的立法工作正在全球范围内加速推进。2018 年 5 月，欧盟的《一般数据保护条例》生效。这一条例被称为人类历史上第一部"数据宪法"，规定人脸、指纹等个人生物信息属于本人所有，使用这些信息需要征得本人同意。我国的《个人信息保护法草案》于 2021 年 11 月 1 日起施行，明确不得过度收集个人信息及"大数据杀熟",对人脸信息等敏感个人信息的处理也作出了规制,完善了个人信息保护投诉、举报工作机制等,为破解个人信息保护中的热点难点问题提供了强有力的法律保障。

除了立法以外,信息加密技术也被用于个人隐私信息保护。例如,区块链技术可以追踪信息的传播路径,个人信息是否被动用、由谁动用都能完整体现在信息链上,方便事后追溯监管。

39 电脑算命靠谱吗

场景

一天,张阿姨神秘地跟李阿姨说:"你知道电脑也能算命吗?把你的生辰八字输进去,上传照片,很快就能告诉你结果,还挺准的,可神奇了。"李阿姨说:"真的吗?电脑是怎么算的呀?"

你算过命吗？或者你身边的人算过命吗？相信有很多人的答案是肯定的。算命这种东西，你可能不信，但是总有人相信。近年来，一股人工智能算命风悄然兴起，一些微信小程序、App 应运而生，掀起了一波新兴算命热潮。人工智能算命与传统的算命方式有所不同，你只要上传一张个人正面照片，填写一些如姓名、出生年月等个人信息，经过所谓的"古典周易＋人工智能"分析，便能在短短数秒内给你出具一份面相评分和命运报告，算出你的财运、事业运和情感运等，而且据说准确率能达到 95% 以上。那么，这种有科技加持、号称科学算法的人工智能算命真的像软件商宣传的那样靠谱吗？

实际上，人工智能算命虽然披着科学的外衣，却没有什么科学依据。人工智能算命分析出的结果都是提前编辑好的模板，而且测试的结果通常都是随机产生的。也就是说，即便你在同一个人工智能算命 App 上两次上传的是同一张照片，所得出的分析结果都有可能是不一样的，而两次上传不同的照片得出的结果也有可能是一样的。而且，每次分析的结果通常都是一些似是而非的模糊表述，不难看出其中套路满满。

所谓的人工智能算命，有着自己的"吸金"套路，背后更有一条分工完整的生意链。不少人工智能算命最初都是以免费来吸引用户的，其实并非完全免费的。如果想要看到更详细的内容、信息和报告，你就必须付费购买增值服务，或是通过"邀请好友""看广告"等方式，为其增加下载量或广告收益。

此外，人工智能算命还有隐私泄露的风险。一些软件对用户上传的照片要求非常高，要求上传的照片必须"正面""五官清晰""无刘海遮挡""不戴眼镜"，还会收集包括微信头像、微信昵称、用户手机号等比较敏感的个人信息。一旦小程序被"黑"，将导致大规模用户数据泄露。如果我们的生物信息和个人信息泄露或被不当利用，将给我们带来很多不良后果，小到手机解锁，大到移动支付、信用贷款等，所以人工智能在线算命的风险必须引起足够的重视。

现在用智能手机的人越来越多，包括了不同年龄段的人，特别是一些老年人更容易被误导，所以我们面对不断刷新的各类噱头，必须要擦亮眼睛、保持警惕，千万别轻易被人工智能算命给"忽悠"了。

40 神秘的意念控制是如何实现的

老许和老林刚看完一部科幻电影，电影中的主角可以用意念指挥台灯、无人机，甚至让小白鼠运动。老许感叹道："这也太神奇了！"老林说："前几天我看新闻，好像已经有瘫痪的人通过'意念控制'机械让自己站起来了，好像说叫'脑机交互'技术。"

神秘的"意念控制"是如何实现的呢？准确来说，这项技术叫作"脑机交互"。"脑"指生命体的脑或神经系统，"机"指信息处理或计算的设备，其表现形式可以是装有电路的机械手臂、汽车模型、无人机，也可以是插入电极的小白鼠、植入起搏器的人。脑机交互将人脑与外界设备相连，最终帮助人与自身和周围环境互动。

　　实际上，脑机交互就是对脑电波进行分析，通过脑电波就能"读心"。人类大脑是带电的，我们看见阳光、听见鸟鸣、闻到花香，这些动作要想在大脑产生"知觉"，必须先转变成电信号，然后电信号沿着长长的神经纤维，一路传递到大脑，大脑再产生脑电波指示，给出动作指令。

　　实现脑机交互过程可以分为 4 个步骤：脑电波采集、脑电解读、信息编码以及将结果反馈为大脑能读懂的信号。其中，脑电波采集很简单，只需要在头皮上放一个金属电极加放大器，或者把微电极植入颅骨内部就可以做到了。值得注意的是，人类的大脑有大约 860 亿个神经元，而脑电波引起的电压变化是微伏数量级的，非常容易受干扰。特别是一些入门级别的感应器很容易受到干扰，头发长了不行，手机不小心从旁边晃一下也不行。因此，研究人员更倾向于用磁共振检测来代替脑电波采集。

那么，如何把脑电波的复杂波形转换成数字信号去控制一些电子设备呢？"脸书"公司创始人扎克伯格成立了一个神秘的硬件研发部门，专注研究不需要植入电极的人脑－电脑交互技术，目的是希望有一天，当你在思考或者想做某件事情时，只要你愿意，你不用说话，也不用做任何动作，你身边的人或机器就能立刻知道你的意图，与你产生感应。

现在这种"意念控制"终于实现了，并被应用到医疗、教育、交通等多个领域。例如，美国加利福尼亚大学的医生给一名 28 岁的瘫痪 5 年的男子设计了一顶可捕捉脑电波的帽子，计算机程序把他的脑电波破解、分离出控制腿部活动的部分，然后再把信号发送出去，让相应仪器刺激他的腿部肌肉，让他成功地"行走"。美国一家公司研发了一款脑机交互头环，学生在课堂上带上头环，老师就可以实时监控学生的注意力。上海一家公司研制了一款供列车司机佩戴的特制安全帽，通过对司机脑电信号进行监测、分析，可第一时间识别并预警司机疲劳状态和健康状况，确保行驶安全。

既然脑电波可以被解读，那么"读心术"和"思想传输"是否会成真呢？未来，他人或者机器是否能控制我们的大脑？目前，这种基于脑机交互的"意念控制"还处于初级阶段，而且人类大脑的思考、情绪、记忆等高级功能涉及很多神经细胞、神经环路，我们对此还知之甚少，还不能真正了解和破解脑电波，所以大家不用过分担忧。当然，即便如此，我们还是要对这项技术进行规范与引导，最大限度地规避未知风险，防患于未然。

41 如何应对 AI 诈骗

场景

老刘最近一直和一位许久未联系的老同学通过微信聊天，最开始是文字聊天，后来又改为语音聊天。他们一起回忆年轻时的往事，分享现在的生活近况，整个聊天过程自然而然，熟悉的语音和语气，让老刘觉得老同学还和原来一样，这些年一点儿变化都没有。慢慢地，老同学开始找他借钱，1000元，数额不大，老刘毫不犹豫地转过去了。直到这位"老同学"在短时间内第三次找他借钱时，老刘才觉察到事情不对，原来是骗子在获取老刘同学的声音素材后，用人工智能合成的声音与他聊天，随后骗取钱财。

不少受骗者都和老刘有着类似的经历，不过是司空见惯的诈骗方式，但被人工智能营造出十分真实的假象，大大提高了人们上当的概率。类似的诈骗行为还有骗子利用人工智能技术将自己合成某明星在直播平台大肆敛财；公司"上司"通过一个电话骗走员工巨额存款；某网络购物平台客服联系顾客退款，顾客背负大量信用贷。随着人工智能技术快速更新迭代，人脸伪造照片和视频甚至可以做到在线同步，视频聊天都不成问题。试想一下，如果跟我们视频聊天的不是真的亲朋好友，而是人工智能技术合成的骗子，这是多么可怕的事情。

目前，通过人工智能技术诈骗的形式可分为以下四种。第一种是转发微信语音，骗子通过盗取微信号，转发之前的语音获取信任，骗取钱财。这种诈骗只要通过电话沟通的方式即可识别。第二种是声音合成，这也是目前发生频率最高的人工智能诈骗方式。骗子通过骚扰电话等方式录音、提取某人的声音，并对素材进行合成，用伪造的声音实施诈骗。第三种是人工智能换脸，视频通话的可信度明显高于语音和电话，利用人工智能换脸，骗子可以伪装成任何人。第四种是通过人工智能技术筛选受骗人群，获取受骗者的聊天习惯、生活特性等。通过分析我们发布在网上的各类信息，骗子会根据所要实施的骗术对人群进行筛选，从而选出目标人群。例如，实施情感诈骗时可以筛选出经常发布感情信息的人群，实施金融诈骗时可以筛选出经常搜集投资信息的人群。

诈骗手法在不断翻新，老年人应该如何应对人工智能诈骗呢？提高警惕是防范诈骗的最好方式，在涉及钱款时一定要多验证。例如：通过语音、电话、视频等方式确认对方是否为本人，询问一些双方才知道的信息；将到账时间设定为"2 小时到账"或"24 小时到账"，以预留处理时间；选择向对方银行汇款，避免通过微信等社交工具转账，以便核实对方信息，确认钱款去向。同时，要保护个人信息，注重隐私保护。社交平台的发展加大了保护个人信息的难度，我们将

小 贴 士

随着智能技术的发展，骗子的手段也日新月异，老年人对智能技术的接受能力远不及年轻人。面对可能的诈骗，请您记住，您的子女永远是您最强硬的保护盾牌，别怕麻烦他们，多请教，多询问。

越来越多的个人信息暴露在网络上，遭受诈骗的概率也越来越高。因此，应谨慎使用各类人工智能"换脸"、人工智能"变声"等软件，加强个人信息保护意识，尽量少注册或不注册需求度不高的网络账号，尽量少填写或不填写不必要的个人信息，以防止骗子利用人工智能技术掌握大量个人信息并对人物性格、需求倾向等进行刻画，从而有针对性地实施诈骗。

42 人工智能可以应用在农业上吗

场景

李阿姨参观了一座现代化的农场，农场里的机器人可以独立完成播种、种植、耕作、采摘、收割、除草、分选以及包装等工作，与传统的农业生产相比，效率明显提高。李阿姨不禁要问："人工智能可以提高农产品的产量吗？"

我国是农业大国，而非农业强国。传统的农业生产模式靠天吃饭，自然环境对农业生产有很大的影响，种植、养殖过程主要凭经验施肥、灌溉或喂养，不仅效率低下，浪费了大量的人力、物力，对环境保护与水土保持构成严重的威胁，而且食物的品质和安全难以保证，对农业可持续发展带来严峻挑战。将人工智能技术运用于农业的生产和管理，能够有效解决传统农业面临的问题。

简单地说，智能农业就是将物联网、大数据和云计算等技术运用到传统农业中，运用传感器和软件通过移动平台或者电脑平台对农业生产进行控制，使传统农业更具有"智慧"。纵观植物生长的各个阶段，人工智能都可以发挥重要作用。在种子生长阶段，人工智能可以迅速找出种子发芽的最佳条件，如温度和湿度，使农作物比预期的生长时间短，并可以使作物全年种植。在农作物生长过程中，人工智能可以获取植物生长环境信息，监控环境动态变化，监测土壤水分、土壤温度、空气温度、空气湿度、光照强度、植物养分含量等参数。根据以上各类参数的反馈对农业园区进行自动灌溉、自动降温、自动卷膜、自动进行液体肥料施肥、自动喷药等自动控制或告知种植者及时调整种植方案。当遇到虫害时，人工智能也能及时做出科学分析。以智能虫情测报灯为例，它通过散播光线在夜晚吸引那些有趋光性的虫子，灯箱中有一个加热装置，可以通过高温把虫子杀死。虫子的尸体粘在传送带上，内置的摄像头会对虫子进行拍照，并通过内置的芯片将数据上传到云端，借助人工智能电子识别模型，识别出捕捉的是什么虫子，长此以往，可以起到对虫情监测报告的作用。人工智能对虫子的种类、数量、发育阶段进行更加精准的识别，可以推动农业生产更加精准、靶向化地使用农药，避免了大量给药造成的浪费和污染，也让整个农业生产流程更加绿色可追溯。此外，大数据和人工智能的支撑和分析有助于我们更好地筛选出农作物的优良品种，以指导下一步生产和育种。

在养殖领域，人工智能同样能发挥积极作用，实现精准养殖。例如，在养殖场内安装摄像头，自动采集、分析猪的体型及运动数据，将运动量不达标的猪赶出室外进行运动，以保证猪肉品质。此外，人工智能结合声学特征及红外线测温技术，可通过猪的咳嗽、叫声、体温等数据判断猪是否患病，及时预警疫情。

　　人工智能除了能帮助农业生产，还能助力农业的经营管理。人工智能系统能将智能采集的数据进行分析，并及时反馈至企业资源计划系统，可以及时调整农产品的销售策略、生产策略等，提升经营效率。

延伸阅读

　　将人工智能技术运用在农业上，可以提高劳动生产率、资源利用率和土地产出率，增强农业抗风险能力，保障粮食安全和生态安全，实现农业可持续发展，促进从传统农业向现代农业的跨越。智慧农业是"数字中国"建设的重要内容，加快发展智慧农业，推进农业、农村全方位全过程的数字化、网络化、智能化改造，将有利于促进生产节约、要素优化配置、供求交对接、治理精准高效，有利于推动农业、农村发展的质量变革、效率变革和动力变革，更好地服务于农业、农村现代化发展。

43 人工智能如何助力城市治理

场景

老李想出国旅游，他来到当地行政服务中心办护照。走进大厅，老李没有找到该去哪个窗口办理业务。他发现大厅里有台机器人，这台机器人可以对话，老李告诉它自己想办护照，机器人很快告诉了老李他应该去二层的出入境办证中心。到了二层，老李又看见了一台机器人，老李告诉它自己的业务需求，机器人很快把办理的流程、所需材料等告诉老李，老李按照它的提示，很快办理完业务。老李不禁感叹，现在办理业务太方便了。

现在利用人工智能辅助办理政务已经十分普遍，这仅仅是人工智能在城市治理中的简单应用。一座城市离不开水、电、燃气、房屋、道路等资源，也离不开人、生态、环境等要素，它们相互交织在一起，为整座城市的运转提供了源源不断的动力。如今，随着人工智能、大数据、云计算、物联网等技术的发展，这些必需的资源与数据这张无形的巨网紧密融合，为"城市大脑"的科学治理和智慧决策奠定了基础。城市大脑在运行中能够将分散在城市各个角落的数据连接起来，通过对大量数据的分析和整合，对城市进行

全域的即时分析，从而有效调配公共资源，不断完善社会治理，推动城市可持续发展。"让城市会思考，让生活更美好"是城市大脑的初心和使命，从惠民利民的小事做起，真切地改变了我们的生活。那么，城市大脑究竟给我们带来了什么？

你可能不太相信，同一根杆上的交通信号灯和探头的数据在以前并不是互通的，是城市大脑打破了这一障碍，将城市的交通、治安、城管监控系统产生的视频数据结合起来，并根据产生的即时交通数据，及时调整各主要路口的交通信号灯时长，从而有效指挥城市交通，避免道路拥堵。

以前办事，你可能要"跑断腿、磨破嘴"，往往要面临过程烦琐、流程复杂、材料重复提交。城市大脑结合互联网思维及共享理念，建设方便快捷、公平普惠、优质高效的公共服务体系，真正做到了"信息多跑路、群众少跑腿"。现在办事你可以就近能办、同城通办、异地可办，多渠道"一网通办"。

有了城市大脑，我们的城市也变得更安全。在公共安全方面，城市大脑运用人工智能技术开展慧眼识人、动态管控、全息档案和扁平化指挥等服务，能够在复杂的场景中把人、车、非机动车准确地标记出来，为公安人员识人、查人、管人提供了支撑，全面提升了公安人员的"打防管控"能力，为我们营造了安全的城市氛围。

城市大脑也被应用到市场监管中，通过应用人脸识别和计算机图像识别等技术，可以迅速识别食品监管场所的卫生不达标状况，并通过智能舆情分析，提前预警无证经营或非法经营的营商行为。

此外，城市大脑也和我们的日常生活息息相关。例如，在垃圾的收集和分类中，通过使用摄像机，识别不同的物料并将其分开进行回收，起到优化选择性收集、降低员工因玻璃或锐利物品受伤的风险，并增加了城市的回收潜力。

未来，城市大脑将承载更多开放创新的使命，在人工智能的驱动下，将诞生更多新景象，推动城市功能优化、产业创新升级，最终形成一个人机协同、生态多元的可感知、会思考、能反应的有机城市系统。